降水入渗补给量调查评价方法研究与应用

戴云峰　张路　林锦　等◎著

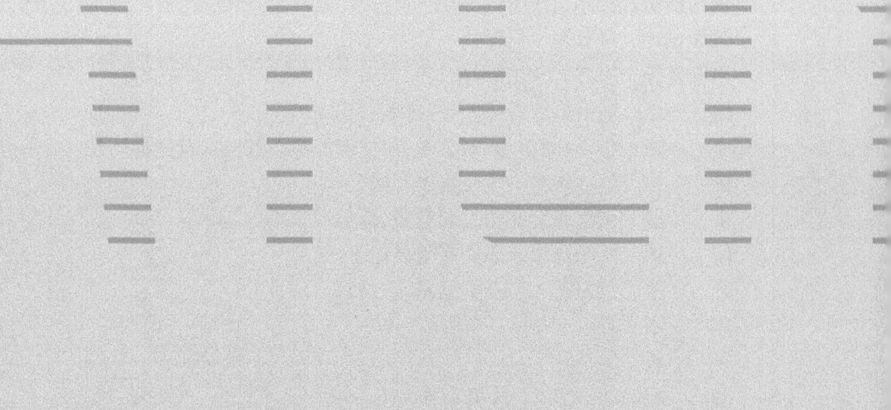

·南京·

图书在版编目(CIP)数据

降水入渗补给量调查评价方法研究与应用 / 戴云峰等著. -- 南京 : 河海大学出版社, 2024. 12. -- ISBN 978-7-5630-9499-8

Ⅰ. P641.2

中国国家版本馆 CIP 数据核字第 2025JA6212 号

书　　名	降水入渗补给量调查评价方法研究与应用 JIANGSHUI RUSHEN BUJILIANG DIAOCHA PINGJIA FANGFA YANJIU YU YINGYONG
书　　号	ISBN 978-7-5630-9499-8
责任编辑	周　贤
特约校对	吕才娟
封面设计	张育智　吴晨迪
出版发行	河海大学出版社
地　　址	南京市西康路 1 号(邮编:210098)
电　　话	(025)83737852(总编室)　(025)83722833(营销部)
经　　销	江苏省新华发行集团有限公司
排　　版	南京布克文化发展有限公司
印　　刷	广东虎彩云印刷有限公司
开　　本	787 毫米×1092 毫米　1/16
印　　张	10.5
字　　数	247 千字
版　　次	2024 年 12 月第 1 版
印　　次	2024 年 12 月第 1 次印刷
定　　价	89.00 元

《降水入渗补给量调查评价方法研究与应用》

撰写人员

戴云峰　张　路　林　锦

韩江波　廖爱民　唐　力

伍永年　刘　冰　李　雪

前言

实施水资源调查评价，是摸清我国基础资源情况的一项重要任务。我国于20世纪80年代初、21世纪初和2017年开展了3次全国范围的水资源调查评价工作，旨在掌握不同时期水资源变化状况。近年来，全球气候变化加剧，经济社会高速发展，水资源条件发生深刻变化，水资源调查评价效率和精度要求也随之增加。

降水是地下水资源的重要补给来源，地下水的隐蔽性使得精细调查评价降水入渗补给量等补给项的难度较大。本书依托水利部安徽滁州现代水文学野外科学观测研究站（南京水利科学研究院滁州基地），在中央级公益性科研院所基本科研业务费专项（Y519004）和国家自然科学基金（51709186）的资助下，选择花山水文实验流域和涡河流域等作为典型实验流域，通过基础资料收集整理、现场实验、野外监测、同位素检测、数值模拟等技术方法，考虑气候变化和地下水开采等因素，对降水入渗补给系数确定和降水入渗补给量调查评价方法进行了深入研究，旨在揭示降水入渗补给系数影响因素及空间分布特征，探讨降水入渗补给量调查评价技术方法应用适宜性和建议，在典型实验流域开展降水入渗补给量调查评价方法应用，探索气候变化和地下水开采对流域降水入渗补给地下水的影响。

本书共5章，分别是绪论、降水入渗补给系数确定及影响因素、降水入渗补给量调查评价方法、典型实验流域降水入渗补给量评价、气候变化和地下水开采对降水入渗的影响研究。第1章由戴云峰、林锦、韩江波、李雪撰写，第2章由戴云峰、张路、唐力、伍永年、刘冰撰写，第3章由林锦、张路、廖爱民、伍永年、韩江波撰写，第4章由戴云峰、张路、廖爱民、李雪、刘冰撰写，第5章由张路、戴云峰、林锦、韩江波、唐力撰写。全书由戴云峰、张路统稿。

本书的研究得到了南京水利科学研究院顾慰祖老师的指导和帮助，在此表示深切感谢和缅怀。

受时间和作者水平所限，书中难免存在不足，恳请读者批评指正。

作者

2024年10月

目录

第1章

绪论

本章主要介绍了降水入渗补给调查评价研究背景、国内外研究进展、研究目标与研究内容、研究技术路线以及主要研究成果。

1.1 研究背景

水资源是基础性的自然资源和战略性的经济资源，是经济社会可持续发展和维系生态平衡、环境优美的重要基础。随着人口不断增长、经济快速发展、城市化进程加快，水资源面临严重短缺，制约着经济社会的发展。推进解决水灾害、水资源、水生态、水环境等问题，对提升水安全保障能力至关重要。地下水是水资源的重要组成部分，地下水在保障我国城乡居民生活和生产供水、农业灌溉、应急供水水源战略储备等方面发挥了重要作用。根据中国水资源公报[1]发布的数据，2020 年，全国供水总量为 5 812.9 亿 m^3，其中地下水源供水量 892.5 亿 m^3，占供水总量的 15.4%。地下水在支撑经济社会快速发展的同时，面临局部超采和污染等诸多问题，地下水超采会引发地面沉降、地裂缝、河湖萎缩、植被退化和海(咸)水入侵等次生灾害。降水入渗补给是地下水资源的重要补给来源，降水入渗补给量的调查评价精度是影响水资源评价成果可靠性的重要指标。

我国于 20 世纪 80 年代初和 21 世纪初开展了两次全国范围的水资源调查评价工作，第一次调查评价水文系列为 1956—1979 年，第二次调查评价水文系列为 1956—2000 年，相关调查评价成果在制定水资源综合规划、地下水保护利用规划、实施重大水利工程建设、加强水资源配置与管理、优化经济产业结构布局等方面发挥了重要作用。近年来，全球气候变化加剧，加之我国经济社会高速发展，区域水资源条件发生了较大变化，对水资源的开发利用、管理保护造成了很大影响，有必要应用新的技术方法对水资源开展新一轮评价。陈飞等[2]分析成果显示：与 1956—1979 年、1980—2000 年水文系列相比，2001—2016 年我国地下水资源数量略有减少。2017 年，水利部、国家发展改革委会同自然资源部等有关部门全面启动了第三次全国水资源调查评价工作，旨在摸清 60 余年来水资源变化状况。南京水利科学研究院组织开展了地下水资源调查评价技术方法研究系列工作，探索改进包括河道渗漏补给在内的多个地下水补给项的调查评价技术方法，为第三次全国水资源调查评价工作提供技术支撑。本书重点研究降水入渗补给量调查评价技术方法，以提高降水入渗补给量的评价效率和精度，支撑第三次全国水资源调查评价中地下水资源降水入渗补给量的调查评价工作。

1.2 国内外研究进展

1.2.1 降水入渗补给机理研究

降水入渗补给过程是指降水从地表渗入土壤非饱和带，继而从非饱和带渗入饱和带的过程。Green-Ampt[3]提出了基于毛管理论的入渗模型、Richards[4]推导出土壤水非饱和流方程，推动了降水入渗补给研究从定性向定量研究转变，Bodmam 与 Colaman[5]首次提出根据土壤含水率分布对入渗过程进行分区。非饱和带含水层中包括土壤、水分、空气三相，土壤水的运移实际是复杂的液态-气态两相流问题。Van Genuchten[6]推导了一种预测非饱和土壤渗透系数的半解析解方程，其提出的土壤水分特征曲线有力推动了非饱和带中水分和溶质的运移研究。沈振荣等[7]分析了降水从地表向下进入土壤的垂直一维流 Green-Ampt 模型，通过汉王试验站野外观测入渗补给过程，揭示了湿润锋面与非湿润锋面补给、土水势变化、滞后作用等重要机理。Gavin 等[8]改进了 Green-Ampt 入渗模型，假设降水过程中边坡不积水条件下，提出了预测湿润前锋到达非饱和土壤某一深度所需要时间的方法。Guo[9]通过在黄土高原进行长期降水入渗观测，提出了"两曲线法"以估算降水最大入渗深度和土壤水补给量。因大空隙或者裂隙的存在、土壤非均质性等因素，土壤中因捷径式入渗形成优势流，优势流根据成因不同又可分为大孔隙流、绕流和漏斗流等[10]。为定量研究土壤水入渗优势流问题，Coats 和 Smith[11]首次提出了 Mobile-immobile 模型，Germann 和 Beven[12]在 Two-flow domain 模型基础上提出了 Kinematic Wave 模型，Hosang[13]提出了 Two-phase 模型。Weiler 等[14]利用颜色示踪剂研究了大孔隙流的渗流问题，水从大孔隙向土壤基质的转移受土壤岩性和含水量的影响。齐登红等[15]通过对比降水入渗补给量实测值和模拟值确定降水入渗补给过程中的优先流。

1.2.2 降水入渗补给影响因素

降水入渗补给受到多种因素的影响，主要包括降水量、地形地貌、土壤岩性、前期土壤湿润程度、地下水埋深以及下垫面等因素。蒋定生和黄国俊[16]构建了室内土槽模型，研究了地面坡度对降水入渗的影响，通过实验数据建立了入渗速率与坡度之间的经验公式，土壤稳定入渗速率随着坡度的增加而减小。肖起模等[17]构建了流域年均降水入渗补给系数与出露地层的最佳回归方程，以调查山丘区小流域地下水降水入渗补给量。张光辉等[18]结合野外试验和室内试验研究了包气带厚度小于或大于当地潜水蒸发极限深度条件下，包气带厚度对降水入渗补给量的影响，水势梯度也揭示了降水入渗补给过程中岩土体的吸排水过程。李亚峰和李雪峰[19]通过分析地中蒸渗仪的观测数据，揭示了降水入渗补给量随地下水埋深的增大而减小的规律，确定了有利于降水入渗补给的地下水最佳埋深以及稳定点埋深。齐登红等[20]利用郑州地下水均衡试验场地中蒸渗仪对降水入渗过程和影响因素进行了深入系统的研究。霍思远和靳孟贵[21]通过构建一维变饱和流数值模拟模型，研究了衡水地区近 60 年降水入渗补给规律，揭示了该地区年补给量与年降水量具有显著的正相关性，入渗补给系数与降水强度呈负相关关系。Liu 等[22]利用径流法研究了降水强度和前期土壤含水量对入渗过程的影响，前期土壤含水量较高时降水入渗速率较小，较低的降水强度会提高入渗率。Gong 等[23]研究了北京延庆盆地地下水补给量与降水量、土地利用和土壤岩性的关系，土地利用对地下水补给的影响比土壤岩性更大，浅层地下水水位对降水补给响应灵敏，随着地下水埋深增加会出现响应滞后。朱琳等[24]研究了北京城区扩张引发的下垫面土地利用类型变化对平原区降水入渗补给量的影响，城镇建设用地面积的增加导致平原区降水入渗补给总量减少。Zhang 等[25]研究了美国中部和北部地区气候差异条件下极端降水（日降水量超过一定阈值）对地下水补给的时空变化特征，极端降水对地下水的补给区域差异较大。Bhaskar 等[26]研究了集中雨水入渗过程中的地下水补给。Cheng 等[27]研究了毛乌素沙漠地区深层土壤水补给对降水的响应，若达到同等土壤湿润前锋位置，前期土壤水分较少时，需要较大的累积降水量。

1.2.3 降水入渗补给调查评价

降水入渗补给调查评价方法主要分为物理法、同位素示踪法、水均衡法和数值模拟法4大类，主要目的为发现自然现象、推导物理过程、揭示变化规律。物理法，包括地中蒸渗仪法、地下水动态法和零通量面法；同位素示踪法，包括稳定同位素示踪法和放射性同位素示踪法；数值模拟法，包括 HYDRUS、MODFLOW-SURFACT 以及 TOUGH2 等软件的应用。

（1）物理法

物理法常用的有地中蒸渗仪法、地下水动态法和零通量面法。

①地中蒸渗仪法

传统的地中蒸渗仪有大型称重式地中蒸渗仪和干旱地区虹吸式地中蒸渗仪。Kitching 等[28]利用蒸渗仪调查评价邦特砂岩的降水入渗补给量，在降水量和蒸发量相差较小的区域传统地中蒸渗仪评价的入渗补给量较真实值高。王文忠等[29]利用电测水位法的虹吸式地中蒸渗仪代替传统马利奥特瓶补水的蒸渗仪，在干旱地区观测地下水埋深较深条件下的潜水蒸发。王雪松和姚先[30]利用五道沟水文实验站地中蒸渗仪长序列观测数据，分析降水量、包气带岩性、土壤含水量、地下水埋深等因素对降水入渗补给系数的影响。孙晶晶和马浩[31]介绍了五道沟水文实验站“紧密式”地中蒸渗仪群，可实现大量蒸渗仪的自动观测。

②地下水动态法

水位动态法是利用降水量及地下水水位动态观测数据计算降水入渗补给系数的，往往可以直接利用降水观测站点和地下水监测工程数据，操作方便、实施成本低。Korkmaz[32]通过含水层地下水水位波动和降水量数据分析降水入渗补给量。Jemcov 和 Petric[33]基于时间序列分析结果，调查实测降水与有效入渗，评估其对岩溶系统的影响，岩溶含水层具有水文地质参数的高度异质性和空间变异性，故对于岩溶系统结构的评估，必须将有效入渗作为分析模型的输入函数。Izuka 等[34]构建了降水入渗补给量、降水量、土壤入渗量和潜在蒸发量的方程，针对不同地区降水量给出对应方程，用于估算热带岛屿降水入渗补给量。袁瑞强等[35]结合降水量和地下水水位监测数据计算了现代黄河三角洲上部冲积平原降水入渗补给系数，通过探讨其时空变化规律估算了降水补给量。Nimmo 等[36]开发了识别和量化降水入渗补给的新程序，分析入渗补给与降水之间的关联，对地下水水位波动进行离散，以预测暴雨带来的瞬时性入渗补给。张路等[37]利用水文站的降水数据和地下水自动监测井的水位变化数据，分析了西藏自治区日喀则市的降水入渗补给量，该方法在地层渗透系数较大的区域适用性较好。宋秋波等[38]针对传统水位动态法以次降水入渗补给为分析对象的不足，提出结合水均衡原理，将年降水概化为单次降水过程，计算降水入渗补给系数。

③零通量面法

零通量面法适用于土壤中存在零通量面的情况，主要包括确定了零通量界面，结合土壤剖面的含水率、水流的连续性方程求解其他断面处的水分通量。邱景唐[39]通过观测山前平原区土壤含水率和水势，开展非饱和土壤零通量面的类型、发生、迁移和消失的规律研究，分析了影响零通量面的主要因素，揭示了零通量面法在地下水深埋区有较好的适用性。吴庆华等[40-41]评估了太行山前平原区不同降水条件下土壤水资源开发潜力，采用零通量面法和定位通量法，对比研究地下水垂向补给，分析土壤优先流对地下水补给的影响。Wu等[42]利用响应函数模型，根据降水和蒸发数据估算入渗补给过程中的土壤水通量，并将估计值与实测值进行了对比验证。

(2) 同位素示踪法

同位素示踪法主要分为稳定同位素示踪法和放射性同位素示踪法。

①稳定同位素示踪法

常用的稳定同位素示踪剂包括氯离子(Cl^-)和氢氧同位素(^2H和^{18}O)、溴同位素(Br^-)等。王福刚和廖资生[43]应用^2H、^{18}O同位素峰值位移法求解大气降水入渗补给量。王仕琴等[44]选择华北平原中、东部地下水浅埋区，基于氢氧同位素(^2H和^{18}O)研究不同降水特征、土壤质地和植被条件下入渗过程的差异性。聂振龙等[45]利用包气带中天然示踪剂氯离子(Cl^-)和氢氧同位素(^2H和^{18}O)揭示了包气带土壤水来源于降水入渗，评估了张掖盆地的降水入渗补给速率。马斌等[46-47]应用氢氧同位素(^2H和^{18}O)确定了华北山前冲积平原石家庄地区包气带土壤水入渗补给和年补给量，氢氧同位素(^2H和^{18}O)可以明显指示降水、灌溉水入渗补给时间与剖面深度位置的年际对应关系，以华北平原衡水试验场和栾城试验场为典型试验区研究利用氢氧同位素(^2H和^{18}O)指示水体分馏与降水入渗补给过程。谭秀翠等[48]利用溴同位素(Br^-)评价了华北山前冲积平原和中部平原地下水平均补给量，并分析灌溉对地下水的补给作用。

②放射性同位素示踪法

在强人类活动地区，可能无法采用稳定同位素示踪法评价降水入渗补给量，则需要采用放射性同位素示踪法调查评价降水入渗补给。常用的放射性同位素示踪剂是氚同位素(^3H)。王凤生和李桂芬[49]探讨了利用氚同位素(^3H)计算降水入渗补给系数的原理和模型，与常规水文分析法进行对比，验证了氚同位素方法的可行性与可靠性。Li和Si[50]认为重构降水中的氚同位素(^3H)可能导致高估降水入渗补给量。

(3) 数值模拟法

常用的模拟包气带水流运移的软件包括HYDRUS、MODFLOW-SURFACT和TOUGH2等，均为基于Richards方程的数值模拟软件。Šimůnek和Bradford[51]对常用的包气带土壤水运移模拟模型进行了对比分析。宋词和许模[52]基于MODFLOW软件建立了Winpest反演模型，实现含水层渗透系数优化以及降水入渗补给量分区优化。Li等[53]利用Visual Modflow模拟了降水入渗以及对花园地下水水位的影响。HYDRUS软件在土壤水模拟中应用最为广泛，霍思远等[54]利用HYDRUS软件建立包气带土壤水渗流模拟模型，分析包气带中弱渗透性黏土透镜体对降水入渗补给过程和补给量评价的影响，透镜体的存在会减小补给量峰值，延长总的补给时间，当埋深处于极限蒸发深度之上时，会造成补给量减小。张海阔等[55]利用HYDRUS-1D软件模拟降水条件下土壤水入渗过程，分析变水头入渗条件下，Van Genuchten模型土壤水力参数残余含水量、饱和含水量、饱和导水率、经验参数等参数对土水势和累计入渗量的敏感性。

（4）水均衡法

水均衡法是利用水量平衡原理确定降水入渗补给量的方法，其评价精度依赖于均衡区内地下水其他补给和排泄项的调查评价精度。高殿琪和颜景生[56]利用水均衡法在济南明水岩溶区调查评价降水入渗补给系数。朱学愚等[57]研究了基岩山区降水入渗机制和入渗系数，根据实际开采量、数值法和矿坑长期排水资料推求降水入渗补给系数。韩巍和何庚义[58]为了提高降水入渗补给量的计算精度，选择典型小流域和泉域，利用水均衡法计算不同岩性降水入渗补给系数。综合使用物理法、同位素示踪剂法、水量均衡法和数值模拟法，将结果相互对比验证，可以提高降水入渗补给调查评价结果的可靠性。Taylor和 Howard[59]利用示踪剂技术、数值模拟法和水均衡法确定了乌干达中部维多利亚尼罗河流域的 Aroca 流域的降水入渗补给量，评价了该区域的地下水可开采量。

1.3 研究目标与内容

1.3.1 研究目标

为提高降水入渗补给量的评价效率和精度，支撑水资源调查评价工作，选择典型流域，通过资料收集整理、现场实验、野外监测、稳定同位素分析、数值模拟等技术方法，揭示降水入渗补给系数影响因素及空间分布特征，探讨降水入渗补给量测算技术方法适宜性和建议，调查评价典型流域降水入渗补给量，模拟评价气候变化和地下水开采对典型流域降水入渗补给地下水的影响。

1.3.2 研究内容

（1）降水入渗补给系数影响因素研究

在前期水文地质调查及相关研究成果的基础上，分析流域中各水文气象要素（降水、气温、蒸发、径流）的基本特征；通过降水量监测、地下水水位监测、土壤水监测和野外原位水文地质试验测定典型流域不同区域的降水入渗补给系数；分析降水量、地下水埋深、地形等因素对降水入渗补给系数的影响。

（2）梳理降水入渗补给量调查评价方法

运用蒸渗仪和土壤含水率传感器测量降水入渗过程中土壤水分以评价降水入渗补给量方法；基于水均衡原理，通过测定含水层给水度，将地下水水位变化与地下水补给量结合起来计算降水入渗补给量方法；通过分析降水和地下水中的历史示踪剂运移过程揭示降水入渗补给过程，利用稳定同位素和放射性同位素示踪地下水更新速率、停留时间等，评价降水入渗补给量方法；融合气象站点数据，利用水量平衡方法估算降水入渗补给量方法。

（3）典型流域降水入渗补给量评价

收集分析典型实验流域内相关资料，获取研究区内各水文气象要素；综合土壤水原位监测技术、水量平衡方法、水化学分析技术、同位素检测技术和数值模拟方法评价降水入渗补给量时间尺度和空间尺度上的变化特性；对比分析不同技术方法确定实验流域降水入渗补给量的差异，探讨不同技术方法在典型实验流域的适宜性并提出改进的建议，以提高降水入渗补给量的评价精度。

(4) 气候变化和地下水开采对典型流域降水入渗补给量的影响评价

基于长序列的降水、地下水水位监测数据，采用全球气候模型预测的气候变化结果和统计降尺度方法研究气候变化对典型流域地下水水位的影响，模拟预测不同气候变化情景下降水入渗补给量的时空变化趋势；分析地下水开采对典型流域地下水水位和降水入渗补给量的影响。

1.4　技术路线

根据研究目标和工作内容，主要采取以下技术方法开展工作。

(1) 研究区的确定和相关数据资料的收集整理

①通过野外调查、资料收集整理、专家咨询等方式确定研究区的位置和范围。

②收集整理流域内现有相关数据资料，包括气象水文、地形地貌、水文地质条件、水文地质参数、地下水动态监测及地下水开发利用等资料。

③掌握研究区基本概况，进行现场调研，确定野外原位试验点位。

(2) 降水入渗补给量影响因素分析研究

①在选定的典型水文实验流域分析水文气象要素（降水、气温、蒸发、径流）的基本特征，通过降水量监测、地下水水位监测、土壤水监测和野外原位水文地质试验测定降水入渗补给系数。

②分析降水量、地下水埋深、地形等因素对降水入渗补给系数的影响。

(3) 梳理降水入渗补给量调查评价方法

①运用蒸渗仪测量降水入渗过程中土壤水分，选取典型剖面在地下不同深度埋设土壤含水率传感器，原位观测降水入渗过程中土壤水分、温度和电导率等变化过程，综合监测结果计算典型水文实验流域的降水入渗补给量。

②基于水均衡原理，通过测定含水层给水度，将地下水水位变化与地下水补给量结合起来计算典型水文实验流域降水入渗补给量。

③通过计算土壤和地下水中的历史示踪剂峰值运移速率分析降水入渗过程，利用稳定同位素（氢氧）和放射性同位素（氚）示踪地下水形成、补给、停留时间和渗透等，评价降水入渗补给量。

④ 融合水文气象站点数据，利用水量平衡方法估算降水入渗补给量。

(4) 典型流域降水入渗补给量评价

①收集分析典型流域内相关资料，获取区内各水文气象要素（包括降水、温度、蒸发、径流等）。

②综合原位监测技术、水量平衡方法、水化学分析技术、同位素检测技术和数值模拟方法评价降水入渗补给量时间尺度和空间尺度上的变化特性。

③对比分析不同技术方法，确定实验流域降水入渗补给量的差异，探讨不同技术方法在典型实验流域的适宜性并提出改进建议，以提高降水入渗补给量的评价结果精度。

(5) 气候变化和地下水开采对典型流域降水入渗补给量的影响评价

①基于长序列的降水、气温、地下水水位监测数据，采用全球气候模型预测的气候变化结果和统计降尺度方法研究气候变化对典型流域地下水水位的影响，预测不同气候变化情景下降水入渗补给量的时空变化趋势。

②模拟评价地下水开采对典型流域地下水水位和降水入渗补给量的影响。

总体技术路线图见图 1.1。

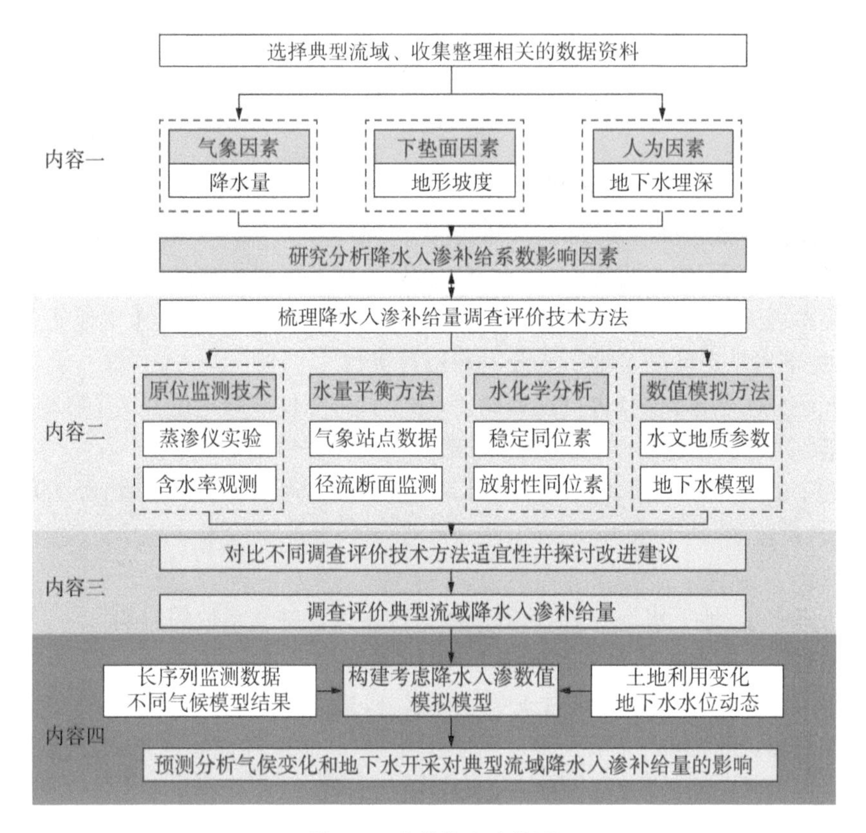

图 1.1　总体技术路线图

1.5　主要研究成果

本书选择花山水文实验流域和涡河流域，通过资料收集整理、现场实验、野外监测、稳定同位素分析、数值模拟等技术手段，对降水入渗补给量和入渗补给系数的确定进行了深入研究，取得以下研究成果。

(1) 降水入渗补给系数影响因素研究

南方平原地区不同岩性地层(砂卵砾石、中粗砂、细砂、亚砂土、亚黏土、黏土)年降水入渗补给系数经验值分析结果表明，年降水量在 600～800 mm 范围，不同岩性年降水入渗补给系数最大；年降水量小于 600 mm 或者大于 800 mm 条件下，年降水入渗补给系数减小。不同岩性地层年降水入渗补给系数随着地下水埋深先增大后减小，有利于降水入渗补给的地下水最佳埋深在 3～4 m。花山水文实验流域降水入渗系数分析结果表明，当花山水文实验流域降水量在 20～60 mm 时，流域第四系覆盖层区域次降水入渗补给系数变化范围在 0～0.6；当花山水文实验流域降水量在 60～100 mm 时，流域第四系覆盖层区域次降水入渗补给系数变化范围在 0～0.4；当花山水文实验流域降水量大于 100 mm 时，流域第四系覆盖层区域次降水入渗补给系数变化范围在 0～0.2。地下水埋深对流域内降水入渗补给系数作用明显，地下水埋深 2.5～3.5 m 最有利于降水入渗补给地下水，降水入渗补给系数最大，埋深过小或过大均会导致降水入渗补给系数的减小。花山水文实验流域降水入渗补给系数受地形坡度作用过程比较复杂，花山水文实验流域地面坡度小于 2 的区域，降水入渗补给系数主要受降水量和地下水埋深共同作用，坡度变化对降水入渗补给系数的作用不明显；花山水文实验流域地面坡度大于 2 的区域，降水入渗补给系数随着地面坡度的增加明显减小。

(2) 降水入渗补给量评价技术方法研究

本书梳理了称重式蒸渗仪技术装置组成、花山水文实验流域称重式蒸渗仪监测要素、蒸发量和降水入渗补给量确定原理等，以及土壤水原位监测装置、根据土壤含水率确定降水入渗补给量的计算方法等。水量均衡法是确定降水入渗补给量最为常用和传统的方法，在以往水资源调查评价中应用广泛，本书主要梳理了该方法计算原理和步骤。本书主要介绍了降水中氢氧同位素的线性关系（世界降水线、中国不同区域降水线）、径流和地下水中氢氧同位素的分异，以及地下水更新能力影响因素和降水补给地下水比例定量评价方法（端元法）；介绍了利用放射性同位素（氚同位素）定性分析地下水年龄、定量分析地下水年龄及更新率方法。基于数值模拟模型的评价方法主要包括分析数值模型在评价地下水资源和可开采量中的作用，介绍了构建数值模拟模型需要的基础资料、模型参数识别与校验以及地下水资源评价过程。

(3) 典型实验流域降水入渗补给量评价

利用地下水动态法评价，2018 年花山水文实验流域不同区域降水入渗补给系数范围为 0.03～0.33，全区平均值为 0.08；2019 年花山水文实验流域不同区域降水入渗补给系数范围为 0.02～0.21，全区平均值为 0.06；2020 年花山水文实验流域不同区域降水入渗补给系数范围为 0.001～0.14，全区平均值为 0.05。2018 年花山水文实验流域第四系覆盖层均衡区降水入渗补给量为 185.96 万 m^3，2019 年花山水文实验流域第四系覆盖层均衡区降水入渗补给量为 47.14 万 m^3，2020 年花山水文实验流域第四系覆盖层均衡区降水入渗补给量为 104.3 万 m^3。

利用基于称重式蒸渗仪的土壤水监测法评价，2018 年花山水文实验流域降水入渗补给系数为 0.067～0.085，计算出花山水文实验流域降水入渗补给量为 183.4～231.14 万 m^3。利用土壤含水率原位监测法，基于零通量面法计算了 2019 年次降水入渗补给系数范围为 0.04～0.05，2020 年次降水入渗补给系数范围 0.03～0.23；利用单次降水入渗补给系数估算得到 2019 年花山水文实验流域第四系覆盖层均衡区降水入渗补给量为 35.34 万～41.60 万 m^3，2020 年花山水文实验流域第四系覆盖层均衡区降水入渗补给量为 72.56 万～519.36 万 m^3。

利用水均衡法评价，2018 年花山水文实验流域第四系覆盖层均衡区降水入渗补给量为 227.79 万 m^3（折算年降水入渗补给系数为 0.13），2019 年花山水文实验流域第四系覆盖层均衡区降水入渗补给量为 189.79 万 m^3（折算年降水入渗补给系数为 0.20）。

利用水化学与同位素结合的端元法评价，2020 年花山水文实验流域河道渗漏补给量约占 29%，降水入渗补给地下水比例约占 71%。

利用地下水数值模拟法分析，2018 年花山水文实验流域第四系覆盖层均衡区降水入渗补给量为 187.31 万 m^3；2019 年花山水文实验流域第四系覆盖层均衡区降水入渗补给量为 69.77 万 m^3；2020 年花山水文实验流域第四系覆盖层均衡区降水入渗补给量为 91.83 万 m^3。均衡区 2018 全年地下水累计补给地表水 56.18 万 m^3，约占降水入渗补给量的 30.0%；均衡区 2019 全年地下水累计补给地表水 0.54 万 m^3，约占降水入渗补给量的 0.78%；均衡区 2020 年 1—10 月地表水累计补给地下水 3.56 万 m^3。

综合前述分析评价成果，本书根据降水入渗补给量调查评价技术方法的特征，提出了降水入渗补给量调查评价方法应用适宜性和建议：若评价目标区域的面积较小，降水量、地下水水位、地表水监测状况较好（监测站点较多、监测频率较高），水文地质参数（给水度、渗透系数、贮水率）可以直接测定，建议使用地下水动态法直接确定次降水入渗补给系数和年降水入渗补给系数；若评价目标区域的面积较大，降水量、地下水水位、地表水监测资料较为缺乏，建议使用水均衡法和同位素检测法对降水入渗补给量进行估算，利用地下水动态法等提高水均衡方法中地下水储量变化和地表水—地下水交换量确定的精度。

（4）气候变化和地下水开采对典型流域降水入渗补给量的影响评价

在 RCP2.6 气候模式下，花山水文实验流域第四系覆盖层模拟区 2021—2050 年的年平均降水入渗补给量约为 152.96 万 m^3（年平均降水量 1 024 mm）；在 RCP4.5 气候模式下，花山水文实验流域第四系覆盖层模拟区 2021—2050 年的年平均降水入渗补给量约为 174.48 万 m^3（年平均降水量 1 162 mm）；在 RCP8.5 气候模式下，花山水文实验流域第四系覆盖层模拟区 2021—2050 年的年平均降水入渗补给量约为 233.2 万 m^3（年平均降水量 1 553 mm）。

本书利用花山水文实验流域地下水数值模拟模型预测了地下水开采量为 0、52.31 万、87.18 万和 122.06 万 m^3/a 不同条件下流域内地下水水位变化，评价了地下水水位下降对降水入渗补给量的影响。2018 年降水条件下，当地下水开采量从 0 增加到 122.06 万 m^3/a，模拟区降水入渗补给量从 187.31 万 m^3 增加到 237.9 万 m^3；2019 年降水条件下，当地下水开采量从 0 增加到 122.06 万 m^3/a，模拟区降水入渗补给量从 69.77 万 m^3 增加到 132.94 万 m^3；2020 年 1—10 月降水条件下，当地下水开采量从 0 增加到 122.06 万 m^3/a，模拟区降水入渗补给量从 91.85 万 m^3 增加到 143.9 万 m^3。

第2章 降水入渗补给系数确定及影响因素

本章选择花山水文实验流域作为降水入渗补给量调查评价方法研究与应用的典型流域，重点分析了流域范围水文气象要素等基本特征，对降水、土壤水、地表水和地下水水位进行了高精度和高频次监测，计算了花山水文实验流域不同区域的降水入渗补给系数，分析了降水量、地下水埋深和地形坡度对降水入渗补给系数的影响。

2.1 花山水文实验流域概况

2.1.1 地理位置

本书选择滁河二级支流小沙河流域胡庄(三)断面以上的花山水文实验流域作为典型流域，该流域是水利部安徽滁州现代水文学野外科学观测研究站(南京水利科学研究院滁州基地)中最大的水文实验流域，其集水面积为 80.13 km^2(原为 82.10 km^2，琅琊山抽水蓄能电站修建完成后，花山水文实验流域实际面积减小了 1.97 km^2)。该流域隶属安徽省滁州市管辖，位于安徽省滁州市西南，地理范围为东经 118°08′05″～118°16′52″、北纬 32°13′14″～32°18′53″(图 2.1)。花山水文实验流域四面环山，闭合性较好，具有典型的江淮丘陵地貌特征。流域水系呈扇形分布，主河长 13.7 km，形状系数 1.5，胡庄(三)水文站(城西径流实验站)为花山水文实验流域的出口断面控制站。

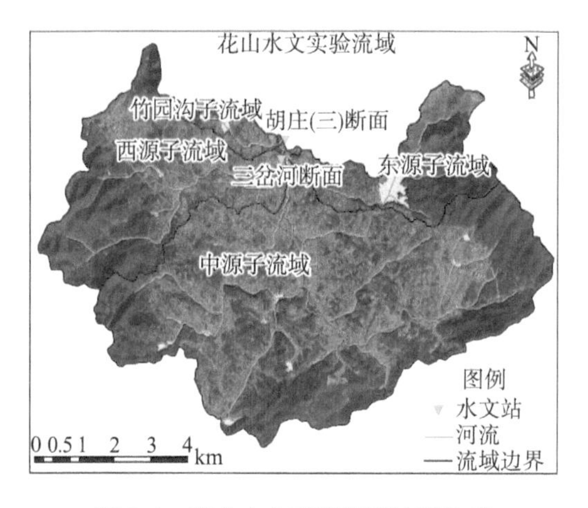

图 2.1 花山水文实验流域地理位置

2.1.2 地质地貌

花山水文实验流域在大地构造分区上处于华北陆台南缘和扬子—钱塘准褶皱带北缘接界处，是以寒武纪、奥陶纪灰岩沉积为主的浅山区。该区早期主要表现为坳陷，如震旦纪、寒武纪、奥陶纪均有沉积，而志留纪至三叠纪缺失，侏罗纪、白垩纪有断裂和岩浆活动，新生代沉积不厚。流域内成土的主要岩石有安山岩、粗面岩、砂岩、砾岩、石灰岩等。安山岩、粗面岩属中性结晶岩类；砂岩由粒径 0.5～2.0 mm 的砂粒胶结而成；砾岩由大小不同的石砾沉积而成，砾石粒径大于 2.0 mm；石灰岩是以方解石为主要成分的碳酸盐岩，有时含有白云石、黏土矿物和碎屑矿物等。

花山水文实验流域四面环山，东北方向为大丰山，流域分水线内最高峰为 247 m(黄海高程，以下同)，无名峰最高峰为 290 m；正东方向为小丰山，最高峰为 321m；东南方向为琅琊山，最高峰为 265 m，龙蟠山最高峰为 175 m；正南方向为无名峰，最高峰为

180 m；西南方向为白草洼大山，最高峰为 352 m，花山最高峰为 326 m；西北方向为棺材山，最高峰为 313 m。由于山脉的延伸走向形成了南高北低、东西基本对称、略向东倾斜的地势。分水岭高程在 175～352 m，流域闭合程度良好。花山水文实验流域浅山区面积占流域总面积的 49.7%，其余区域均为丘陵区，占流域总面积的 50.3%(图 2.2)。

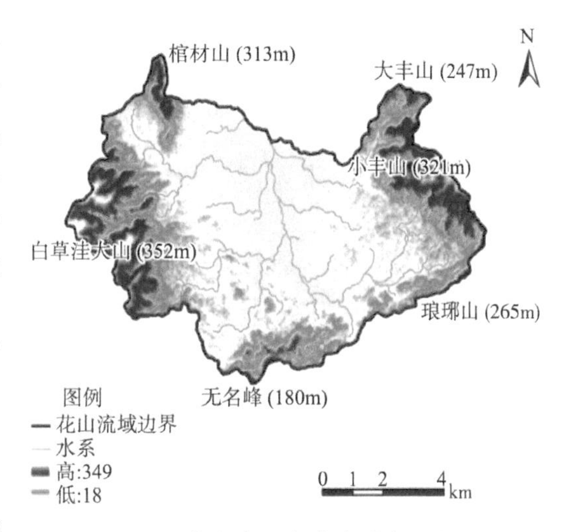

图 2.2　花山水文实验流域地形图

2.1.3　水文气象

花山水文实验流域地处我国南北气候过渡带，属暖温带半湿润季风气候区，气候温和，四季分明，冬季寒冷干旱，夏季闷热多雨，无霜期较长，日照充足。根据安徽省滁州市气象局资料统计，该流域多年平均气温 15.2℃，最高月平均气温为 28.2℃，出现在 7 月份；最低月平均气温为 1.6℃，出现在 1 月份。历年极端气温最高值达 41.2℃，最低值为 −23.8℃。一般年份的冻土层深度为 10 cm 左右，多年平均日照时数为 2 218 h，平均相对湿度为 75.3%，无霜期为 217 d。主导风向为东南风，西北风次之，平均风速 2.7 m/s，最大风速为 18.0 m/s，大风都发生在 7—9 月。据滁州城西径流站 1963—1992 年实测蒸发量资料(E601 型蒸发皿，下同)，并结合黄栗树站 1952—1962 年蒸发资料的插补延长，得知 1952—1993 年流域多年平均蒸发量为 922 mm。降水主要集中在汛期 6—9 月，多年平均降水量为 1 043 mm，年最大降水量为 1 662 mm，年最小降水量为 610 mm，梅雨季节明显，梅雨期在每年的 6 月中旬至 7 月上旬，梅雨量约占全年总降水量的 30%左右。根据当地水文部门监测数据，花山水文实验流域 2018—2020 年月均降水量与蒸发量见图 2.3，2018 年气温和降水量变化见图 2.4。2018—2020 年均降水量为 1 096.7 mm，年均蒸发量为 1 214.3 mm。

流域下垫面为浅山丘陵区地貌类型，洪水过程陡涨缓落，滁州城西径流站实测最大流量为 498 m^3/s(1993 年)，最小流量为 0 m^3/s(因上游灌溉抽水截流导致)。多年平均径流深为 300.0 mm。

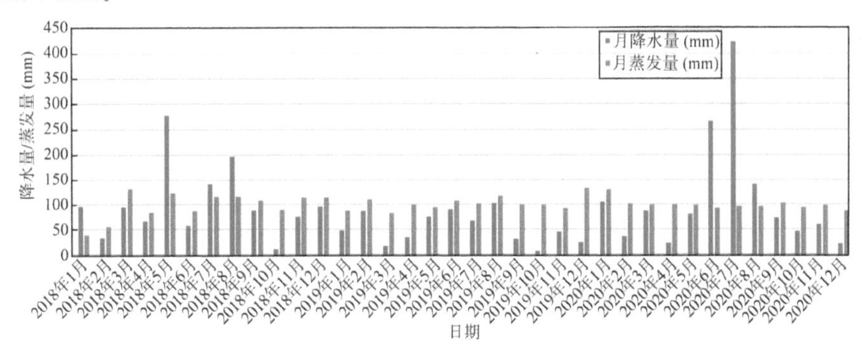

图 2.3　花山水文实验流域 2018—2020 年月均降水量与蒸发量

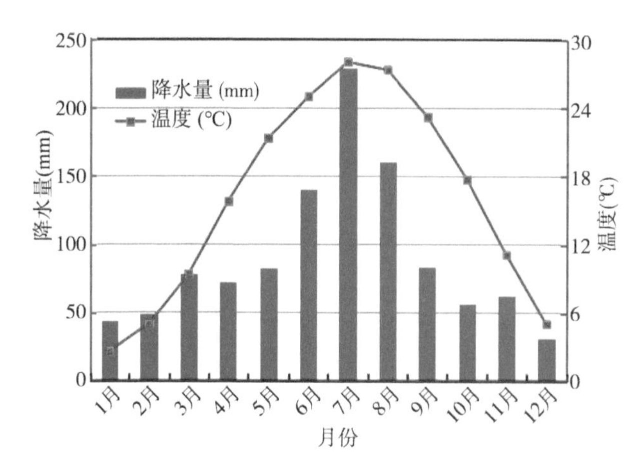

图 2.4 花山水文实验流域 2018 年月平均气温和降水量

2.1.4 土壤植被

花山水文实验流域土壤类型主要为石灰岩土和黏壤土，另有少量的沙壤土。流域内的浅山区以石灰岩土为主，丘陵区大部分土壤为黏壤土，流域黏壤土面积占流域总面积的60.0%，石灰岩土和沙壤土分别占 38.1%和 1.9%。花山水文实验流域浅山区以林木为主，有少量荒山。河边近水两岸，土壤湿润，常为柳树、枫杨等喜湿树种组成的小片森林；高丘下部土壤肥沃湿润处，常为麻栎、栓皮栎、枫香等组成的阔叶混交林；而在中坡，土壤条件渐差，分布黄连木、黄檀、山槐等树种；在高丘脊或坡上部，土层薄，土体干燥，主要分布马尾松或侧柏林；在立地条件较好的土壤上生长着杉木、苦楝、香椿、榆树等不耐瘠薄的树种。流域内有国有林场及乡办林场各 1 个，即琅琊山林场和汪郢林场。人工林木多为针叶树种，主要有马尾松、黑松、湿地松、火炬松、侧柏、水杉、池杉等。

流域丘陵区以耕作地为主，林业次之。耕作地栽培作物以水稻、玉米、豆类、棉花为主，间或种植油菜、花生、向日葵、麻类、瓜类、蔬菜等。

2.1.5 河流水系

花山水文实验流域河系呈扇形，出口断面胡庄(三)以上有 3 条支流和 1 条小沟，构成了“三源一沟”的格局，分别为东源、中源、西源和竹园沟。东源和中源发源于大旗山北麓荣玉与潘郢子，汇合于胡庄水库；西源发源于泉丰岭北汪郢，在胡庄附近与胡庄水库泄流汇合后汇入小沙河；竹园沟发源于流域西北方向棺材山东麓，于胡庄附近汇入小沙河。东源流域控制断面为黄洼断面，集水面积约为 8.83 km^2；中源控制断面为胡庄坝断面，集水面积约为 50.46 km^2；西源控制断面为三岔河断面，集水面积约为 17.96 km^2；竹园沟控制断面为甫塘断面，集水面积约为 2.63 km^2。花山水文实验流域总控制断面为胡庄(三)水文站，该站始建于 1962 年 7 月，经多次修复、改建至今仍在使用，流域全部水系分布状况见图 2.5[60]。

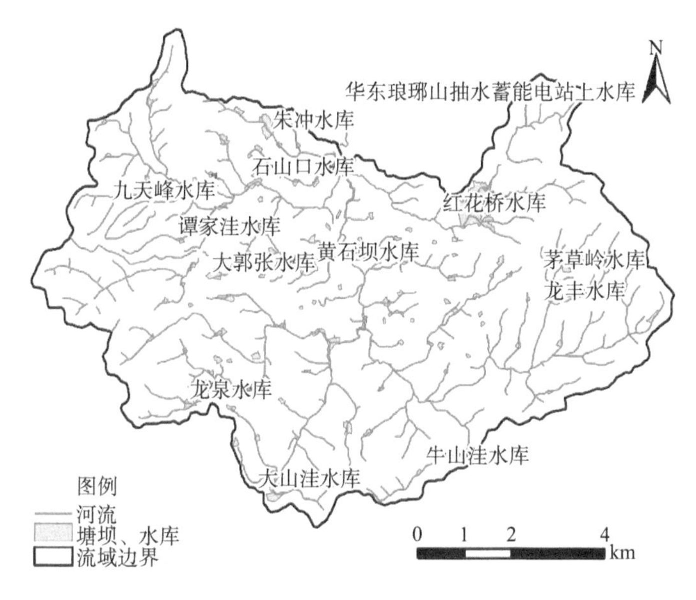

图 2.5 花山水文实验流域水系分布图

2.1.6 水文地质条件

花山水文实验流域位于滁州市，属于沿江平原丘陵水文地质区。该区是安徽省地层发育较全、构造运动强烈、褶皱最紧的地区，形成多种含水岩组相间的地下水特点，其中以碳酸盐岩类裂隙岩溶水和松散岩类孔隙水最有供水意义。裂隙岩溶水主要贮存于中下三叠系、下二叠系和奥陶系的碳酸盐岩内，水量丰富，其主要以大气降水入渗补给，径流畅通，部分以地下径流形式补给山前孔隙潜水或弱承压水，部分以泉的形式排出地表，成为长江支流的一些次一级小河沟的发源地，属降水入渗-径流型。孔隙水主要赋存于第四系松散碎屑物中，以长江及其较大支流两侧的富水性最强，接受大气降水、山地裂隙岩溶水及汛期河湖水的入渗补给，其中以大气降水补给为主，同时向长江及其支流排泄，属入渗-径流型。

根据花山水文实验流域地下水监测井建设及地层调查资料显示，花山水文实验流域土壤类型主要为石灰岩土和黏壤土，另有少量的沙壤土。流域内的浅山区以石灰岩土为主，丘陵区大部分土壤为黏壤土。

2.2 降水—土壤水—地表水—地下水监测

本节在花山水文实验流域对降水量、地表水、地下水水位、地下水水温、典型剖面土壤含水率、温度及电导率进行了长序列、高频次、高精度监测，通过监测数据计算了花山水文实验流域降水入渗补给系数，分析了降水量、地下水埋深以及地形坡度等因素对降水入渗过程的影响。

2.2.1 降水量监测

依据《水文站网规划技术导则》(SL/T 34—2023)，在水利部安徽滁州现代水文学野外科学观测研究站(南京水利科学研究院滁州基地)花山水文实验流域内布设了多组雨量筒组(图 2.6)，对流域内降水量进行监测[61]，用以探索降水量与入渗、径流之间的转化规律。

图 2.6　花山水文实验流域雨量筒组布设图

花山水文实验流域气象观测场中 2018 年、2019 年和 2020 年降水量监测序列见图 2.7，降水量监测频次为 1 次/min。2018 年花山水文实验流域全年降水量为 1 335.5 mm，汛期(5—8 月)降水量占全年降水量的 67.0%；2019 年花山水文实验流域全年降水量为 628.7 mm，属于特枯年份，汛期(5—8 月)降水量占全年降水量的 52.6%；2020 年 1—10 月花山水文实验流域累计降水量为 1 348.7 mm，汛期(5—8 月)降水量为 966.7 mm。

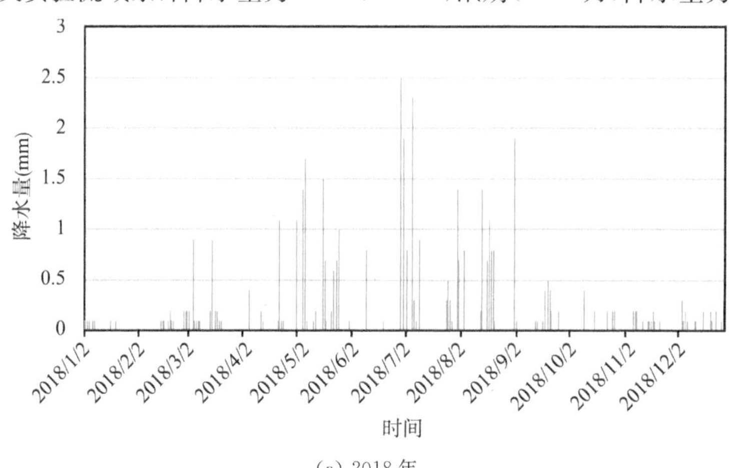

(a) 2018 年

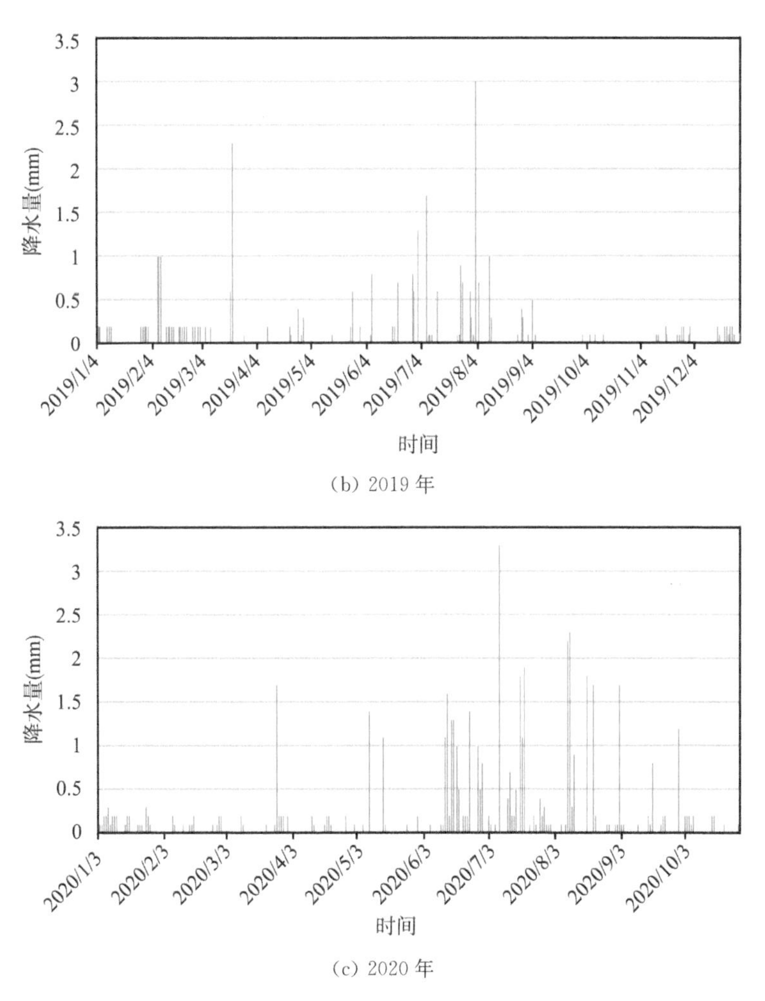

图 2.7　花山水文实验流域气象观测场降水量监测结果

花山水文实验流域于 2020 年 7 月开始在流域外围布设 7 个雨量筒，对降水量进行监测，其中 6 个雨量筒主要分布在龙泉水库、九天峰水库、茅草岭水库、大山洼水库、谭家洼水库、金郢水库，1 个雨量筒布设在胡庄坝。2020 年 7—11 月降水量监测结果见图 2.8～图 2.14，监测频次为 1 次/min。

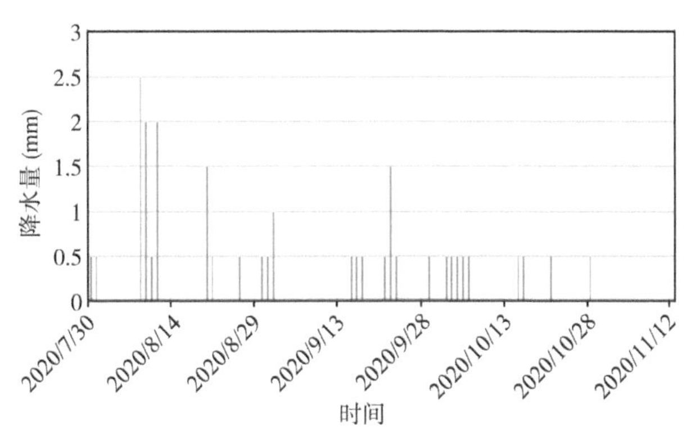

图 2.8　花山水文实验流域龙泉水库降水量监测结果

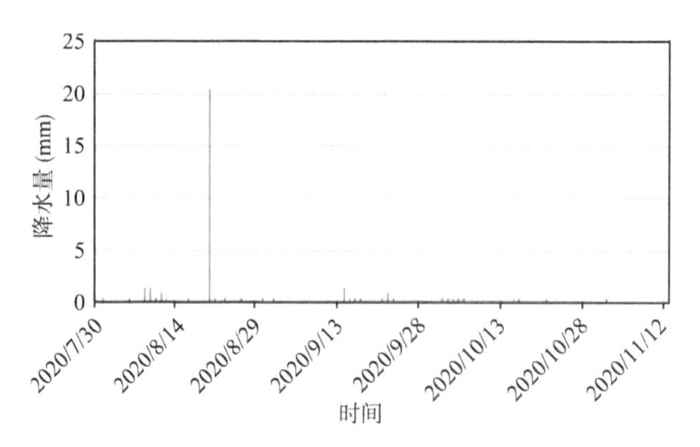

图 2.9　花山水文实验流域九天峰水库降水量监测结果

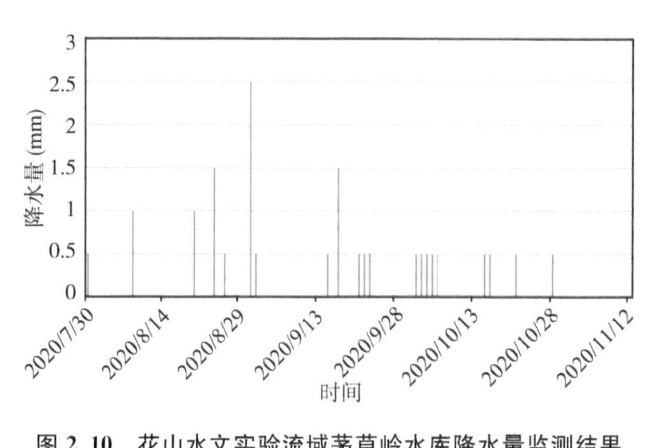

图 2.10　花山水文实验流域茅草岭水库降水量监测结果

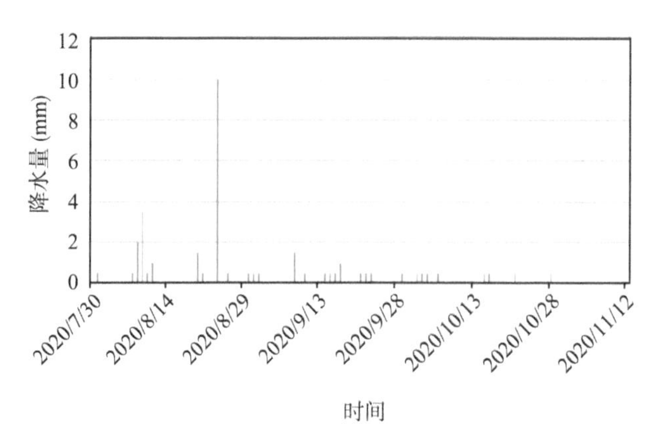

图 2.11　花山水文实验流域大山洼水库降水量监测结果

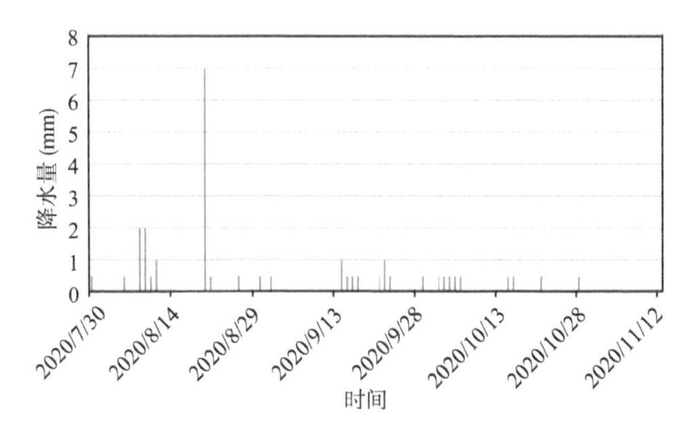

图 2.12　花山水文实验流域谭家洼水库降水量监测结果

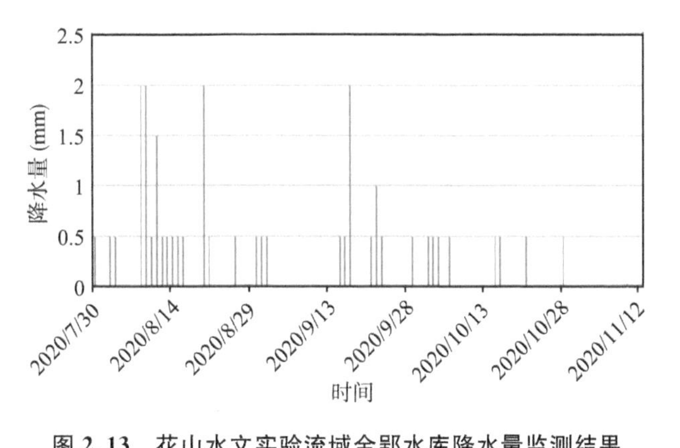

图 2.13　花山水文实验流域金郢水库降水量监测结果

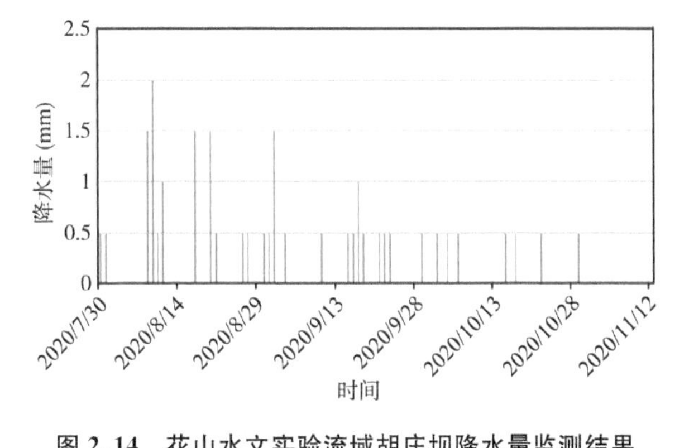

图 2.14　花山水文实验流域胡庄坝降水量监测结果

2.2.2 土壤水监测

本节在花山水文实验流域布设了不同埋深土壤水监测剖面，在地面以下 5 cm、10 cm、20 cm、40 cm、80 cm、120 cm 深度共布设了 6 个可以同时监测土壤含水率、电导率、温度的多参数传感器。监测剖面及地面采集系统见图 2.15，该监测剖面记录了每次降水之后，不同埋深土壤含水率和电导率的变化过程。

图 2.15　花山水文实验流域土壤多参数监测剖面

不同埋深土壤含水率、电导率和温度的监测频次为 1 次/5min，采集初始时间为 2019 年 9 月，监测结果见图 2.16～图 2.18。

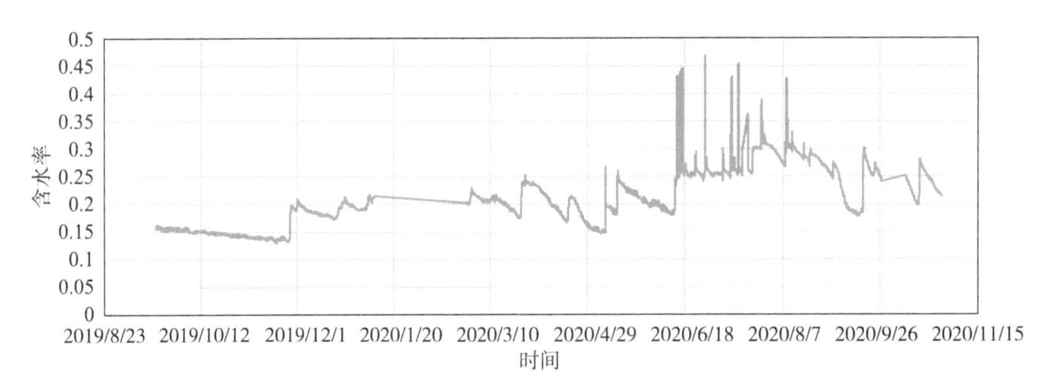

(a) 埋深 5 cm

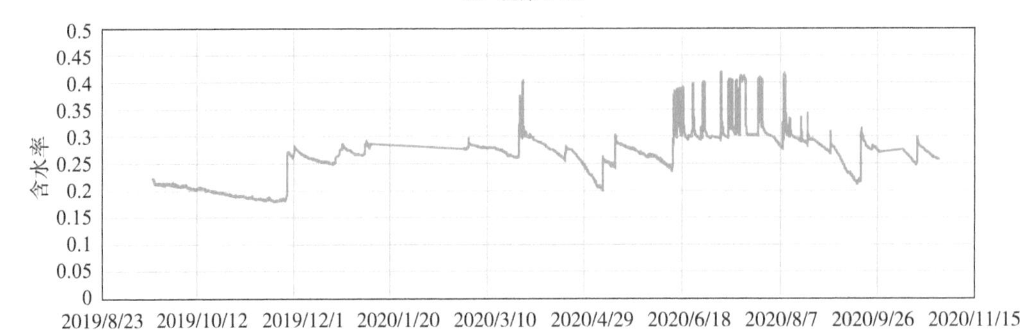

(b) 埋深 10 cm

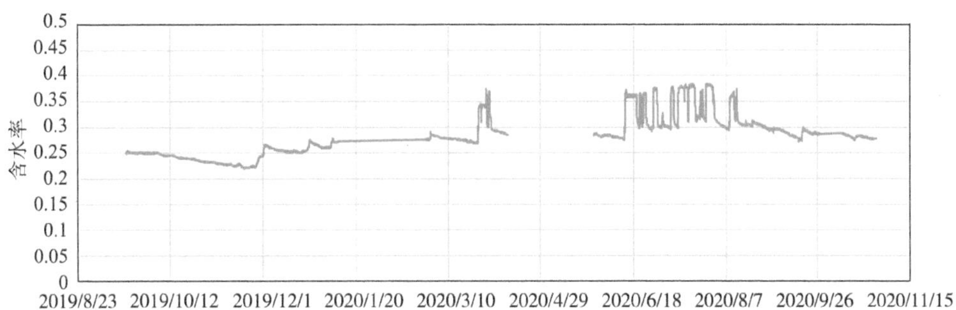

(c) 埋深 20 cm

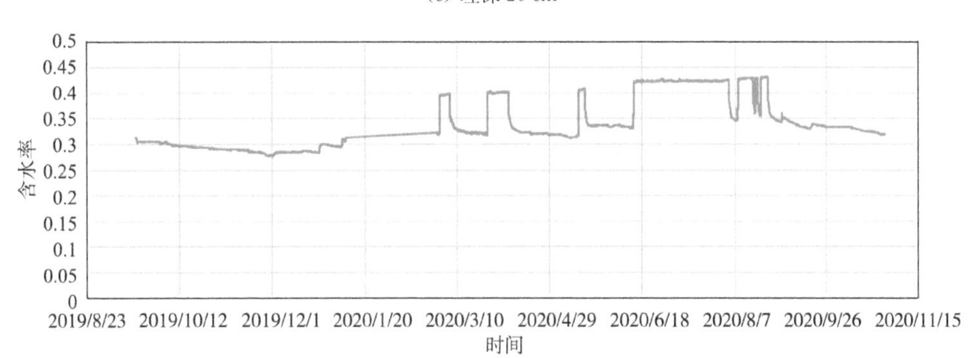

(d) 埋深 40 cm

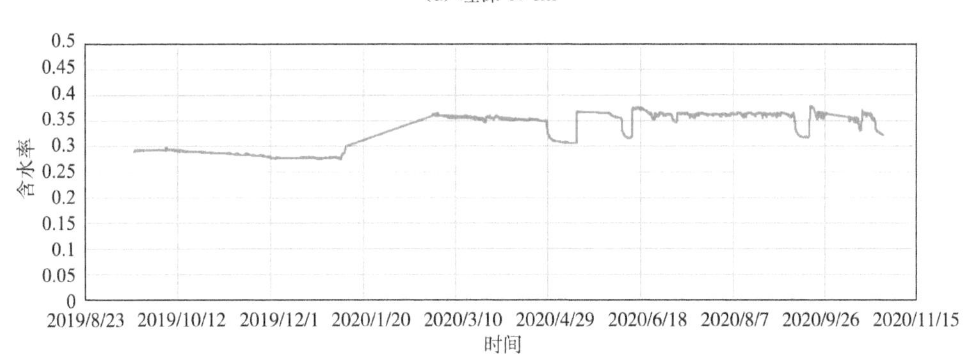

(e) 埋深 80 cm

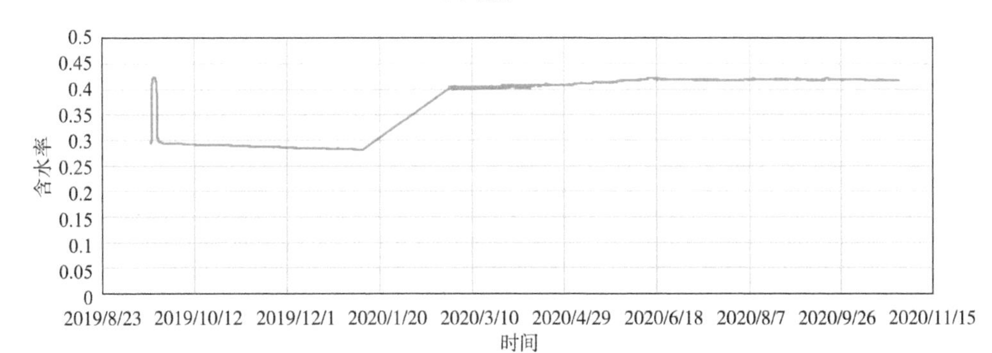

(f) 埋深 120 cm

图 2.16　花山水文实验流域气象观测场土壤含水率原位监测结果

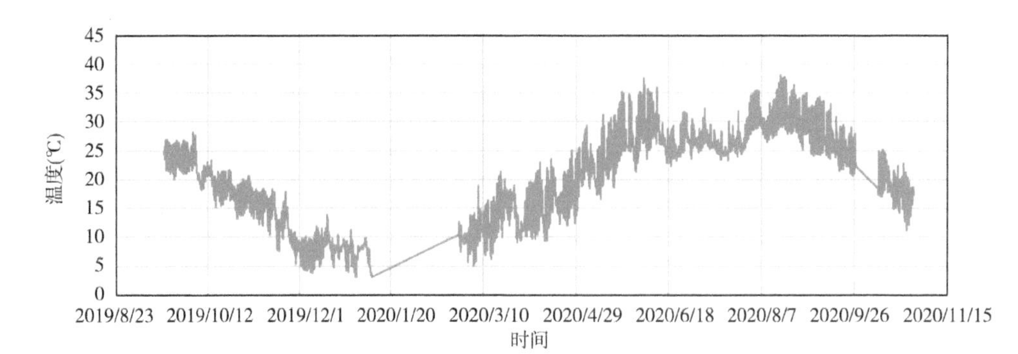

（a）埋深 5 cm

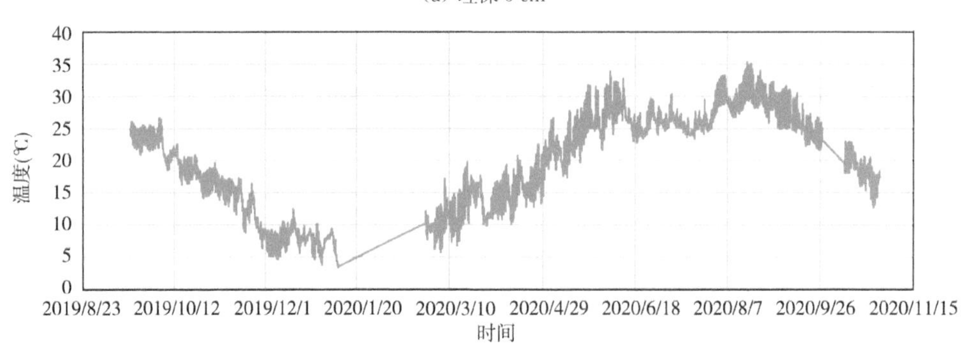

（b）埋深 10 cm

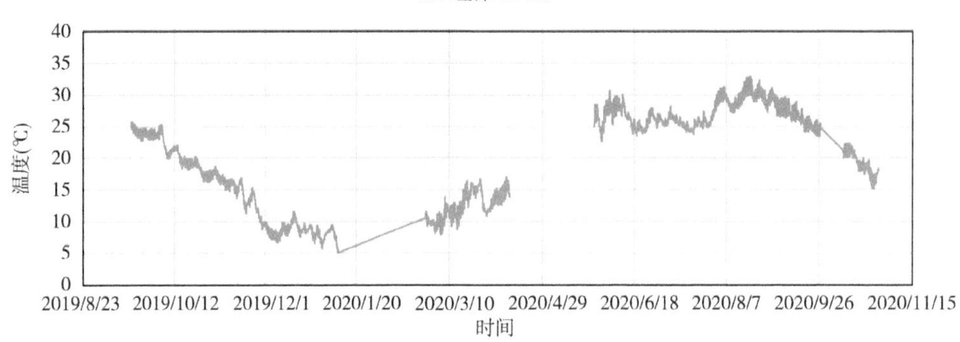

（c）埋深 20 cm

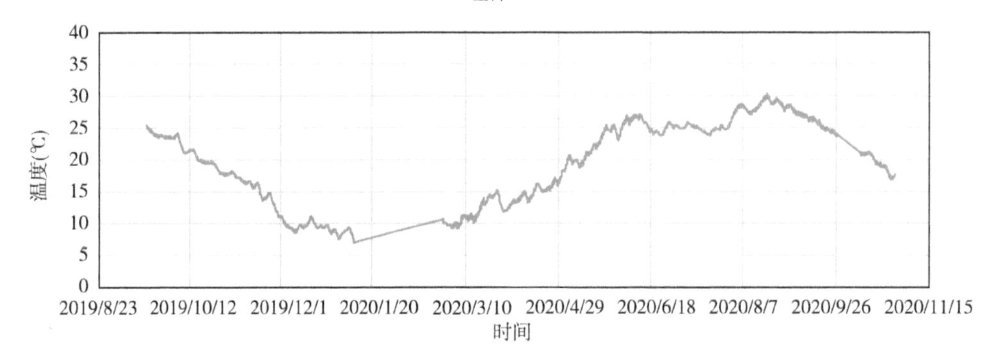

（d）埋深 40 cm

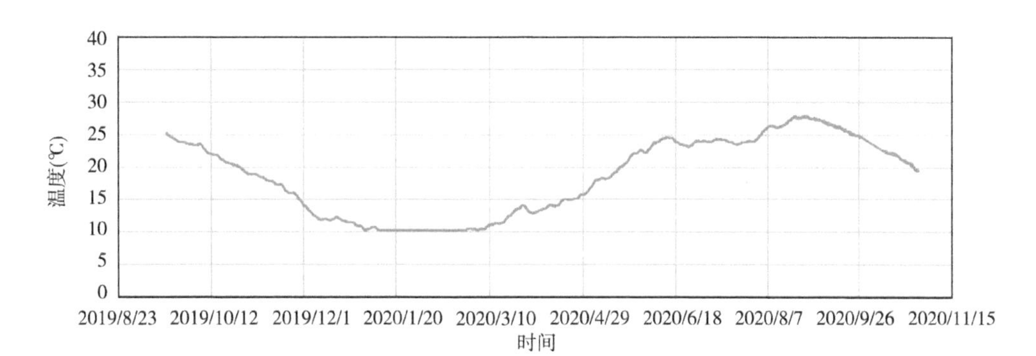

(e) 埋深 80 cm

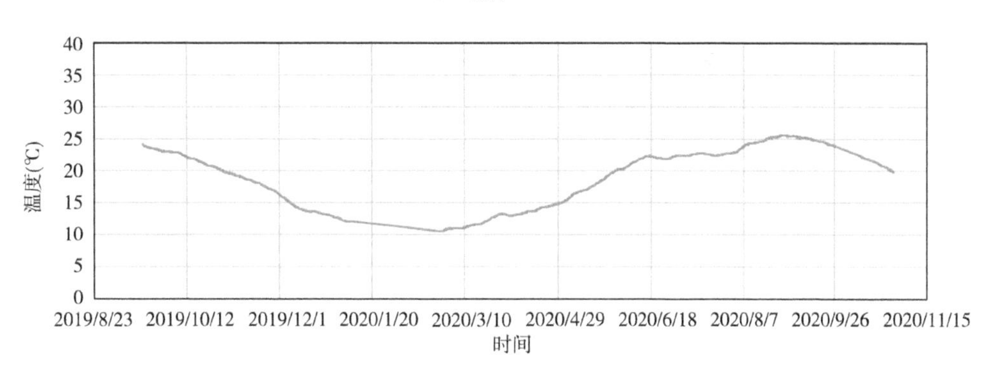

(f) 埋深 120 cm

图 2.17　花山水文实验流域气象观测场土壤温度原位监测结果

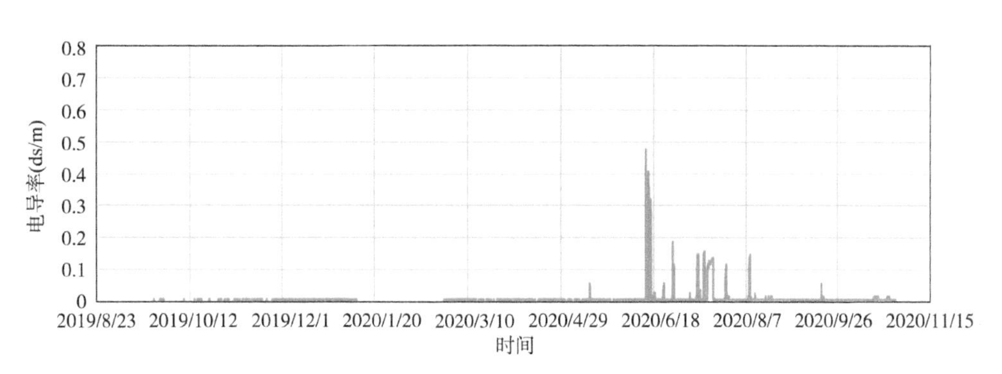

(a) 埋深 5 cm

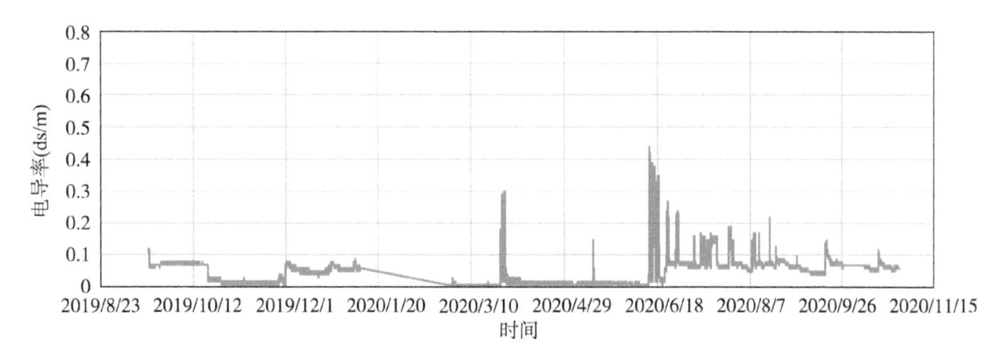

(b) 埋深 10 cm

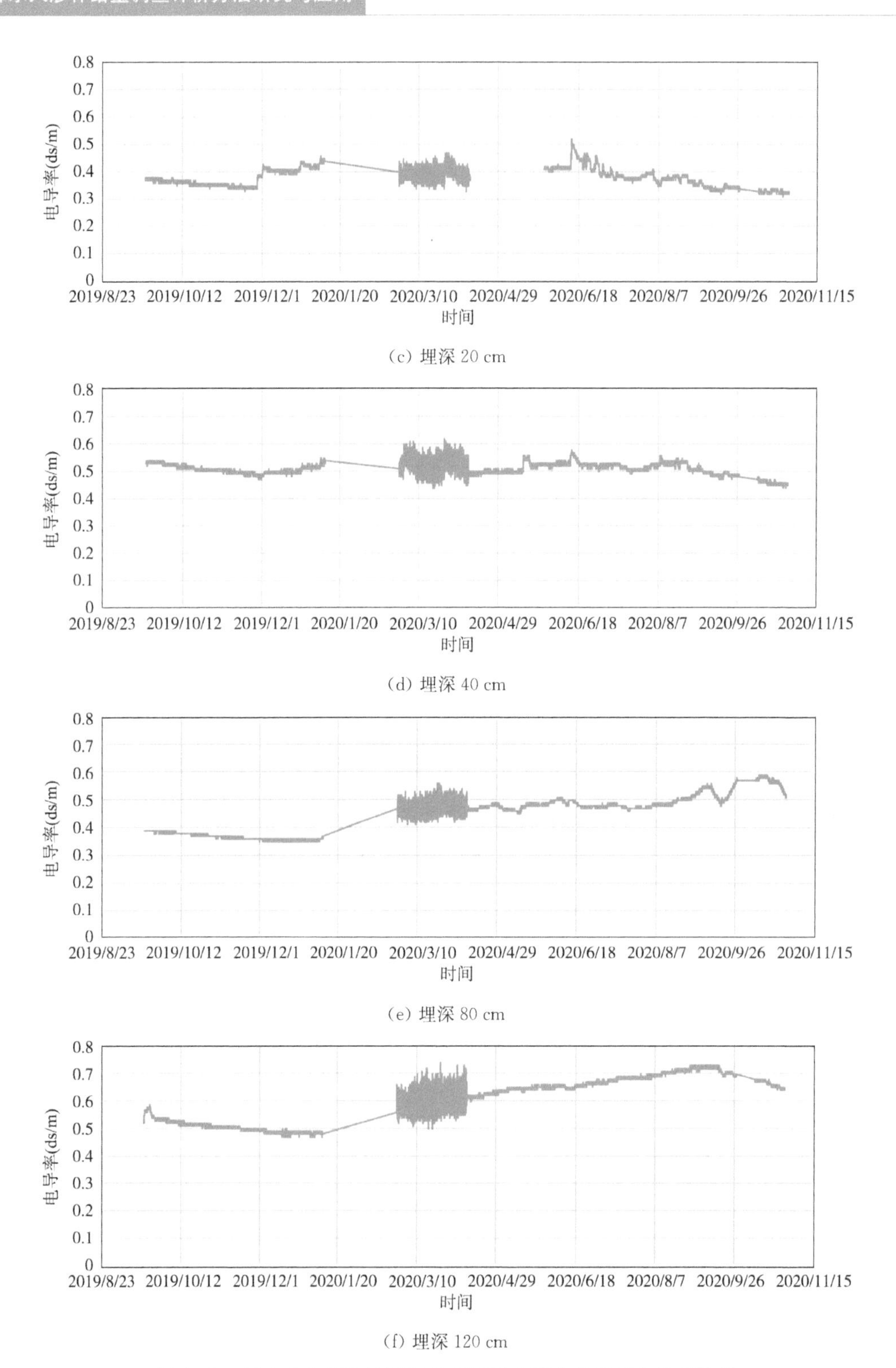

(c) 埋深 20 cm

(d) 埋深 40 cm

(e) 埋深 80 cm

(f) 埋深 120 cm

图 2.18　花山水文实验流域气象观测场土壤电导率原位监测结果

根据图 2.16 监测显示，花山水文实验流域 2020 年汛期(5—8 月)土壤含水率明显增加，地表以下 5 cm 处土壤含水率在短时间可从 0.25 增加到 0.47，随着埋深增加土壤含水层上升的极值逐步减小，深度由 5 cm 增加到 80 cm，过程中土壤含水率峰值从 0.47 降低为 0.37，但是埋深从 80 cm 增加到 120 cm，土壤含水率略有增加。

根据图 2.17 监测显示，花山水文实验流域土壤温度受气温影响明显，随着埋深增加，土壤温度变化更加平缓。温度最低值出现在 2019 年 1 月中旬，温度最高值出现在 2020 年 5 月底和 2020 年 8 月中下旬，5—8 月受降水入渗影响，土壤温度出现明显的下降。埋深从 5 cm 增加到 120 cm，土壤最低温度从 3.4℃增加到 10.5℃；埋深从 5 cm 增加到 120 cm，土壤最高温度从 33.2℃减小到 25.6℃。

根据图 2.18 监测显示，花山水文实验流域 2020 年汛期（5—8 月）表层（埋深 5～10 cm）土壤电导率受降水入渗影响明显，降水入渗过程中土壤含水率增加，土壤电导率出现了明显的增加；随着埋深增加，土壤全年含水率明显增加，受降水影响的敏感性逐渐降低。

2.2.3　地表水监测

花山水文实验流域的地表水监测有 2 个大型监测断面，分别是胡庄（三）和三岔河断面，监测断面位置见图 2.19。花山水文实验流域出流断面胡庄（三）断面测堰见图 2.20，2018—2020 年胡庄（三）断面河水位高程监测结果见图 2.21。

图 2.19　花山水文实验流域内河道断面布设示意图

图 2.20　花山水文实验流域胡庄(三)断面

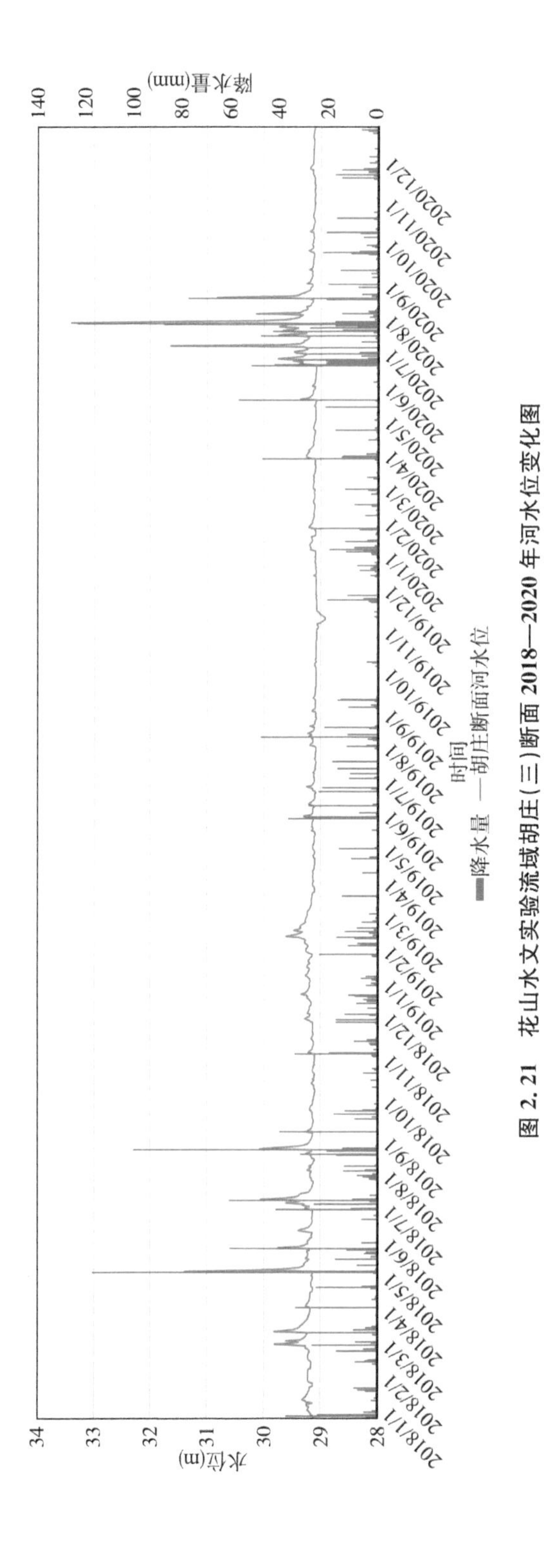

图 2.21 花山水文实验流域胡庄(三)断面 2018—2020 年河水位变化图

2.2.4　地下水监测

2.2.4.1　长序列水位监测

花山水文实验流域现有地下水监测井 41 眼，其中浅层井 38 眼、深层井 3 眼，监测站点分布见图 2.22。大部分地下水监测井均安装了地下水水位和温度自动监测存储探头，可以对地下水水位和水温进行连续监测和长期数据存储，并在花山水文实验流域出流断面位置安装了用于大气补偿的探头。流域地下水监测井建设完成后，自 2017 年 10 月开始对流域内地下水水位进行长期监测（部分监测井设备从 2020 年 11 月开始运行），监测频率为 1 次/30min，26 眼浅层地下水监测井水位监测结果见图 2.23。

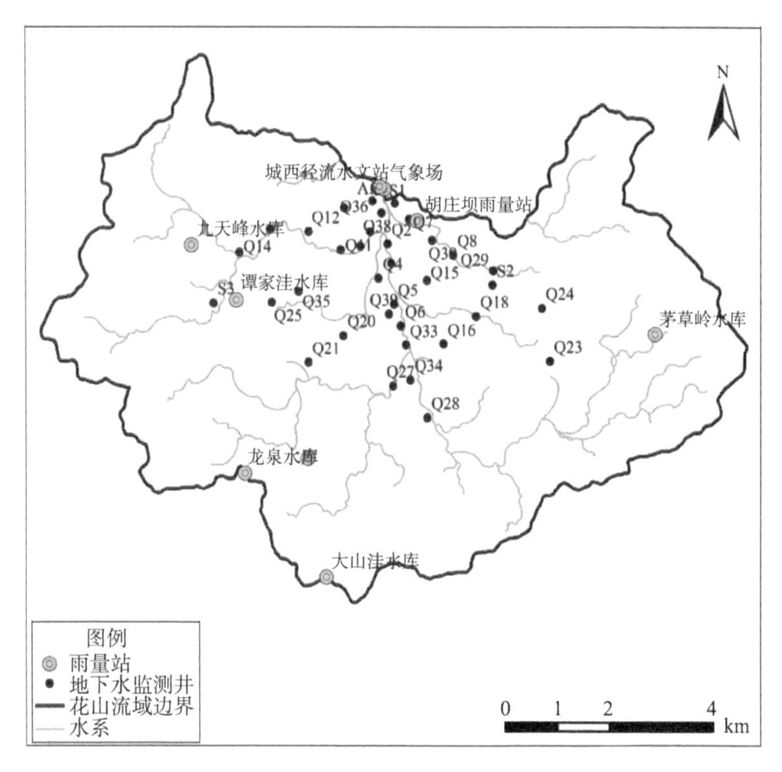

图 2.22　花山水文实验流域地下水监测井分布图

2.2.4.2　实施水文地质试验

含水层渗透系数、贮水系数和给水度等水文地质参数是评价流域地下水资源及模拟地表水—地下水交互过程的重要参数，现场原位试验对含水层介质扰动小，分析结果具有较好的代表性。花山水文实验流域第四系覆盖层较薄，含水层介质富水性较差，浅层地下水监测井建成后，基于抽水试验结果分析流域覆盖层中含水层渗透系数和贮水率空间分布特征非常困难。

本节基于花山水文实验流域浅层地下水监测井实施了 28 组注水式和提水式振荡试验，监测频次为 1 次/s。为评价花山水文实验流域第四系覆盖层中饱和含水层渗透性，现场试验点位分布见图 2.22，实施振荡试验地下水监测井中探头以上压力水位随时间变化

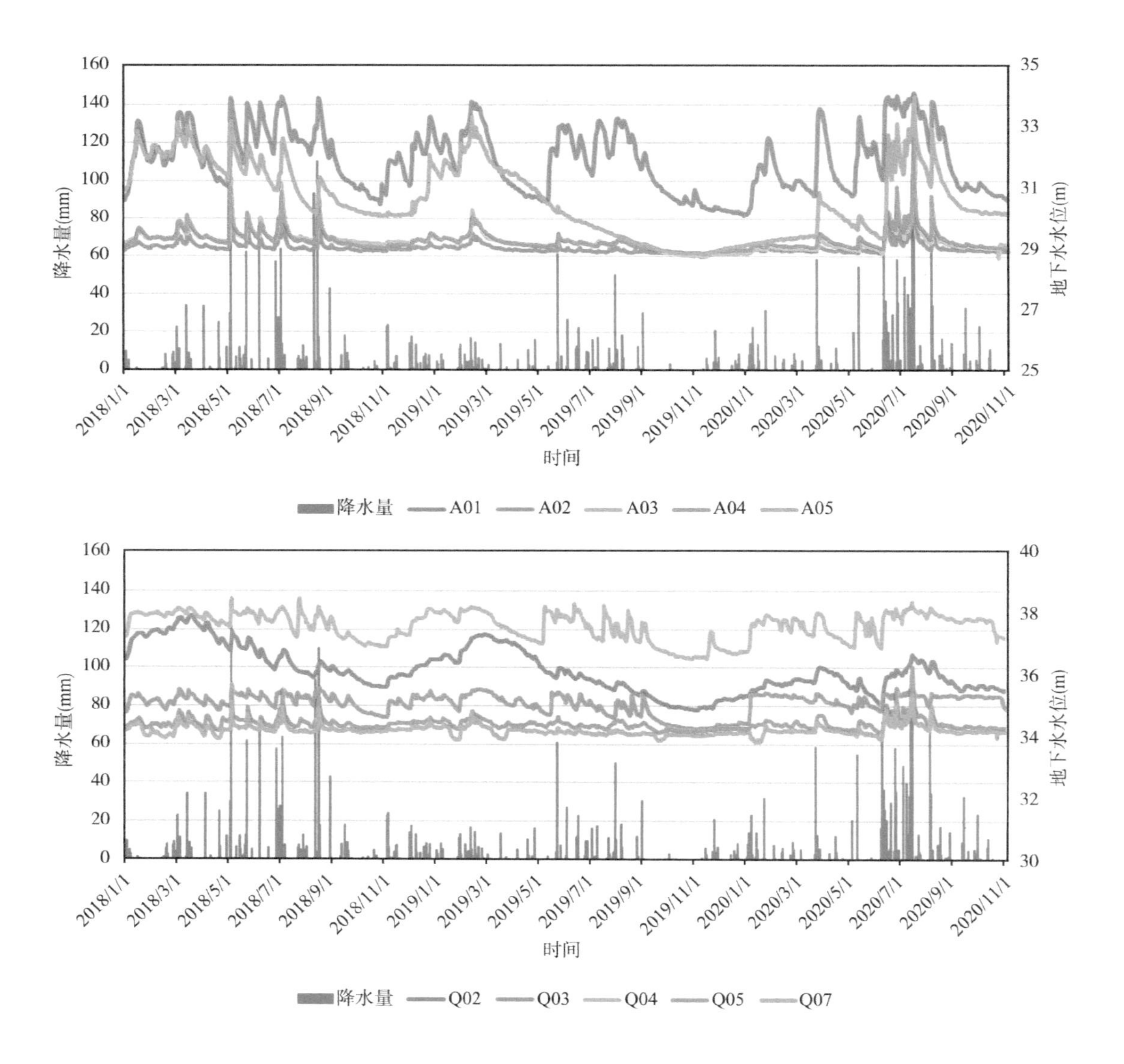

降水量(mm)
地下水水位(m)
时间
降水量
A01
A02
A03
A04
A05
Q02
Q03
Q04
Q05
Q07

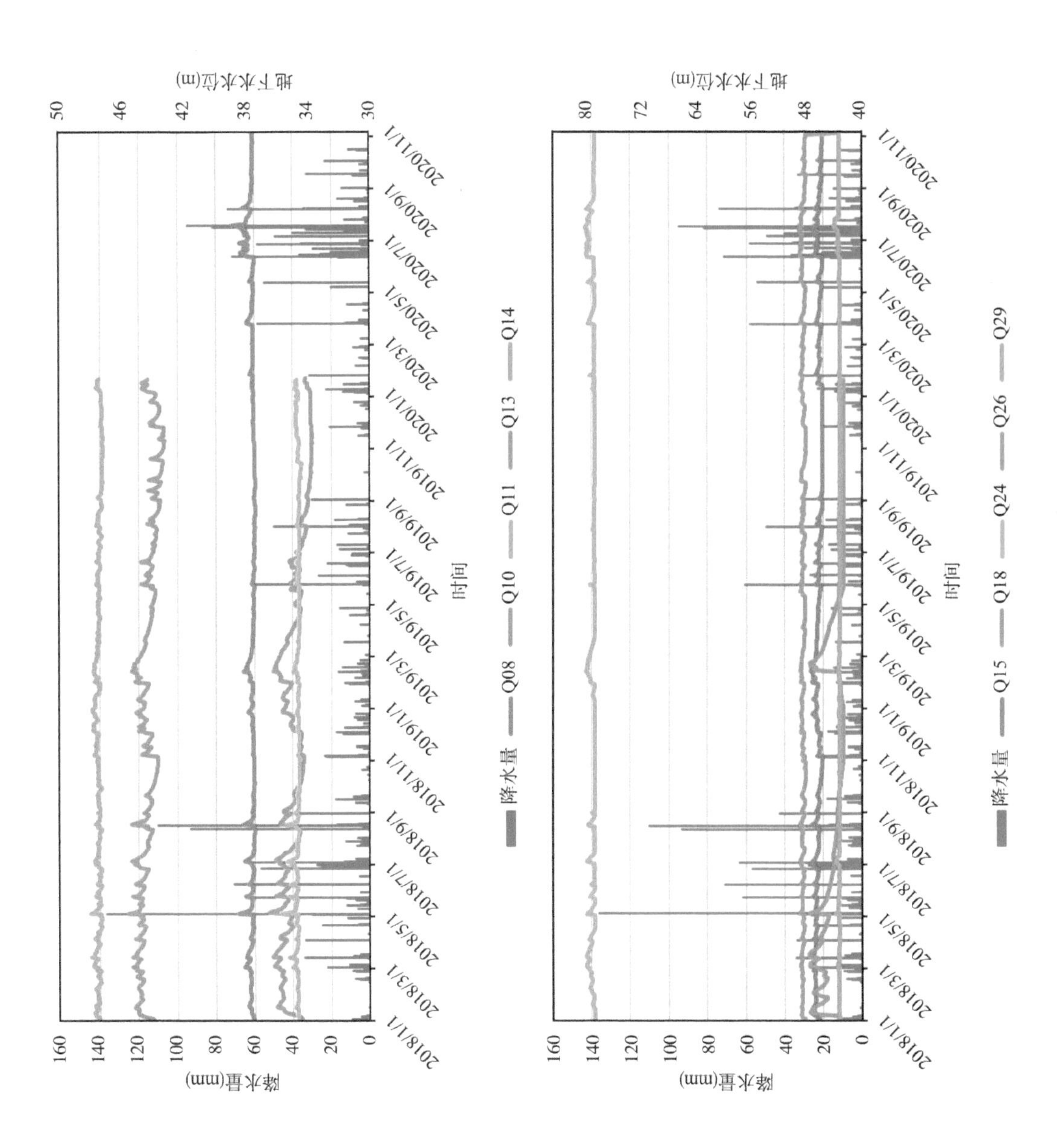

降水量(mm)
地下水水位(m)
时间
降水量
Q08
Q10
Q11
Q13
Q14
降水量(mm)
地下水水位(m)
时间
降水量
Q15
Q18
Q24
Q26
Q29

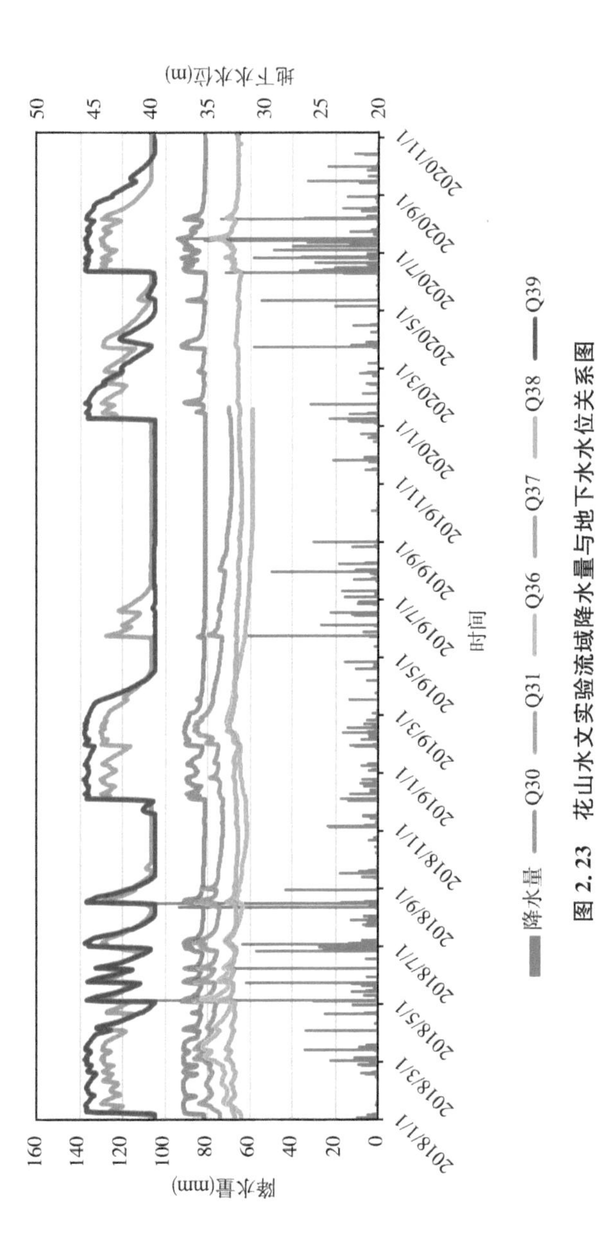

图 2.23　花山水文实验流域降水量与地下水水位关系图

见图 2.24。花山水文实验流域第四系覆盖层中浅层地下水监测井均为非承压完整井。从振荡试验测试井中水位恢复时长可以推估花山水文实验流域第四系覆盖层渗透性普遍较差，与深层地下水监测井水文地质钻孔编录揭示的岩性匹配。

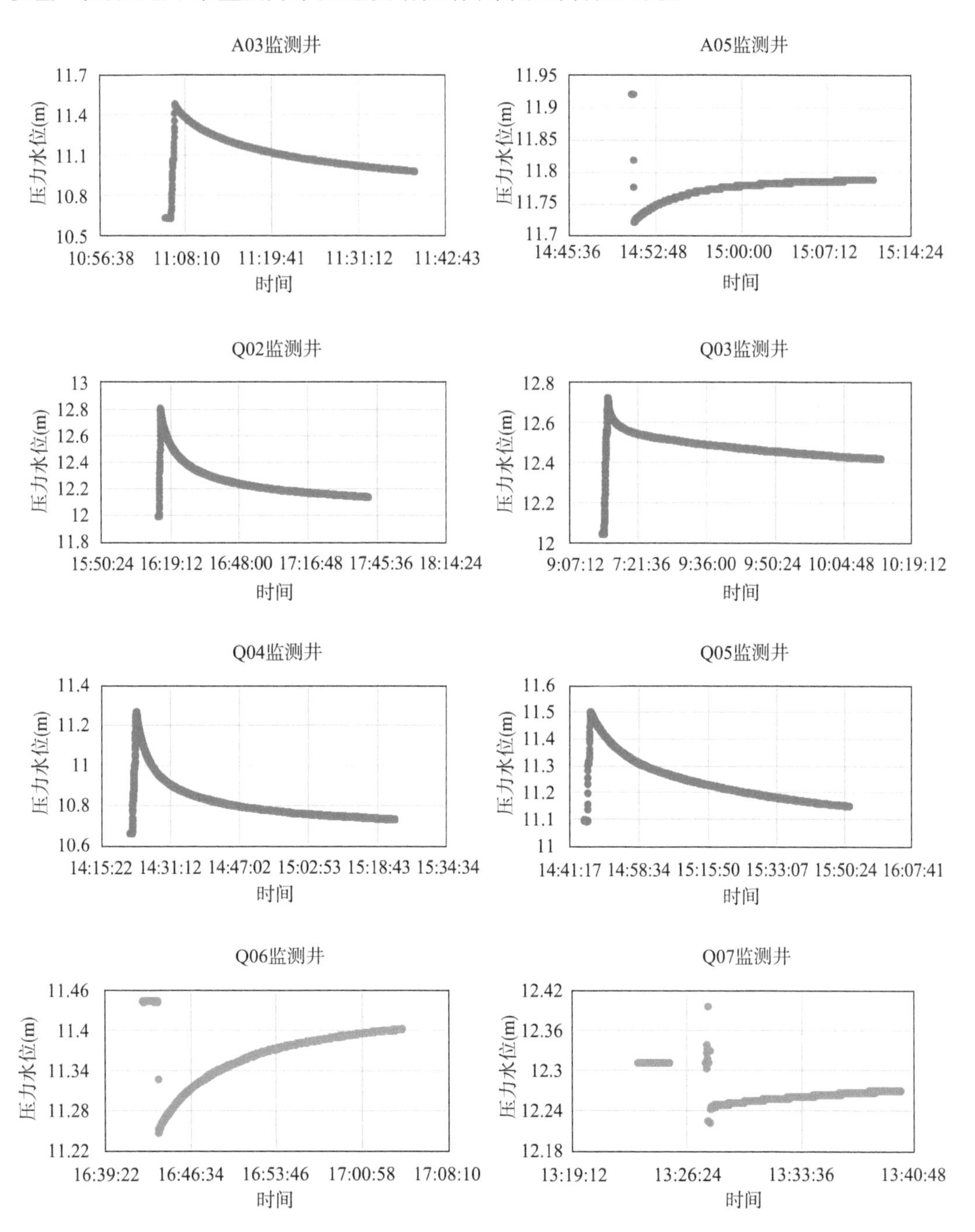

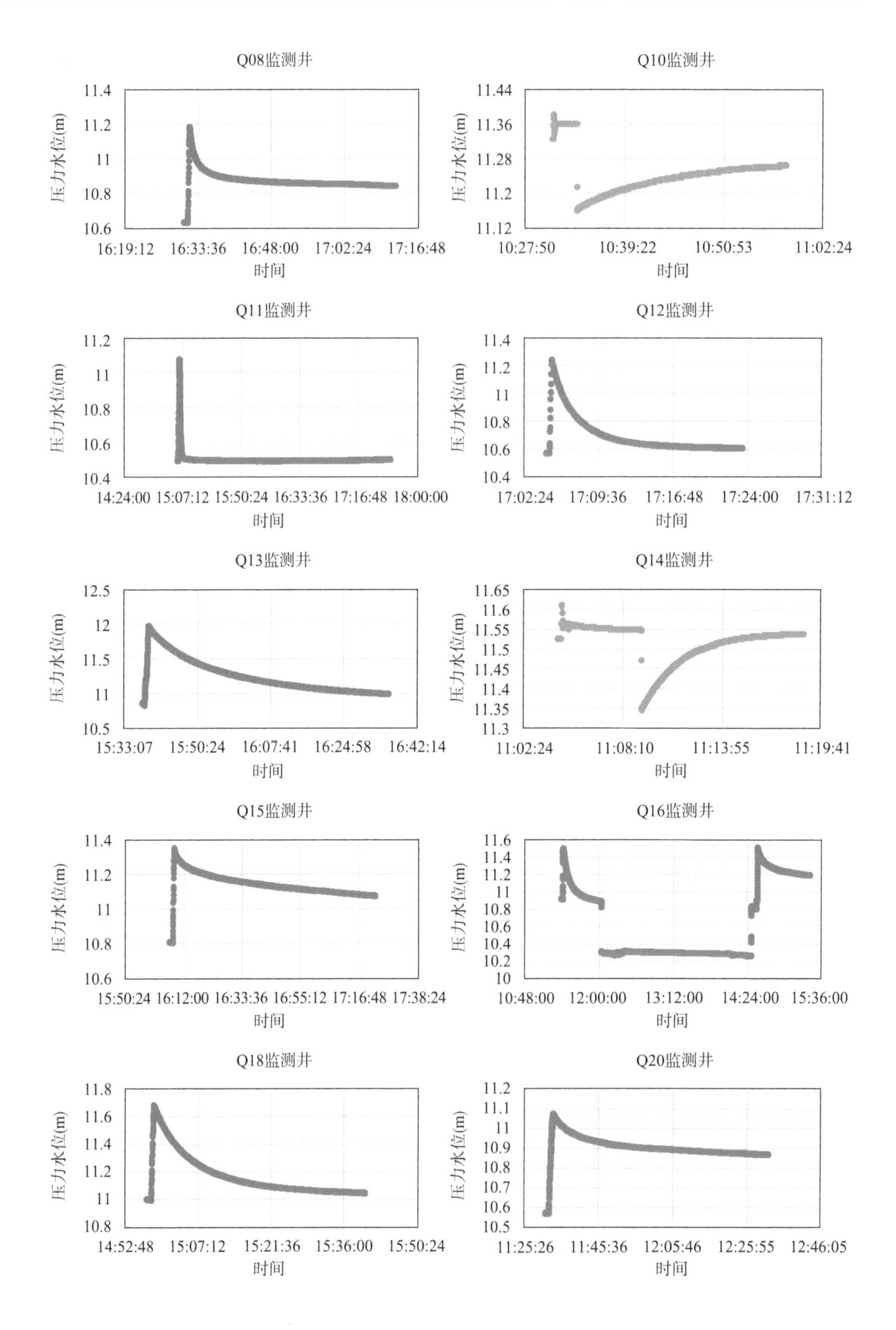
Q08监测井
压力水位(m)
11.4
11.2
11
10.8
10.6
16:19:12
16:33:36
16:48:00
17:02:24
17:16:48
时间
Q10监测井
压力水位(m)
11.44
11.36
11.28
11.2
11.12
10:27:50
10:39:22
10:50:53
11:02:24
时间
Q11监测井
压力水位(m)
11.2
11
10.8
10.6
10.4
14:24:00
15:07:12
15:50:24
16:33:36
17:16:48
18:00:00
时间
Q12监测井
压力水位(m)
11.4
11.2
11
10.8
10.6
10.4
17:02:24
17:09:36
17:16:48
17:24:00
17:31:12
时间
Q13监测井
压力水位(m)
12.5
12
11.5
11
10.5
15:33:07
15:50:24
16:07:41
16:24:58
16:42:14
时间
Q14监测井
压力水位(m)
11.65
11.6
11.55
11.5
11.45
11.4
11.35
11.3
11:02:24
11:08:10
11:13:55
11:19:41
时间
Q15监测井
压力水位(m)
11.4
11.2
11
10.8
10.6
15:50:24
16:12:00
16:33:36
16:55:12
17:16:48
17:38:24
时间
Q16监测井
压力水位(m)
11.6
11.4
11.2
11
10.8
10.6
10.4
10.2
10
10:48:00
12:00:00
13:12:00
14:24:00
15:36:00
时间
Q18监测井
压力水位(m)
11.8
11.6
11.4
11.2
11
10.8
14:52:48
15:07:12
15:21:36
15:36:00
15:50:24
时间
Q20监测井
压力水位(m)
11.2
11.1
11
10.9
10.8
10.7
10.6
10.5
11:25:26
11:45:36
12:05:46
12:25:55
12:46:05
时间

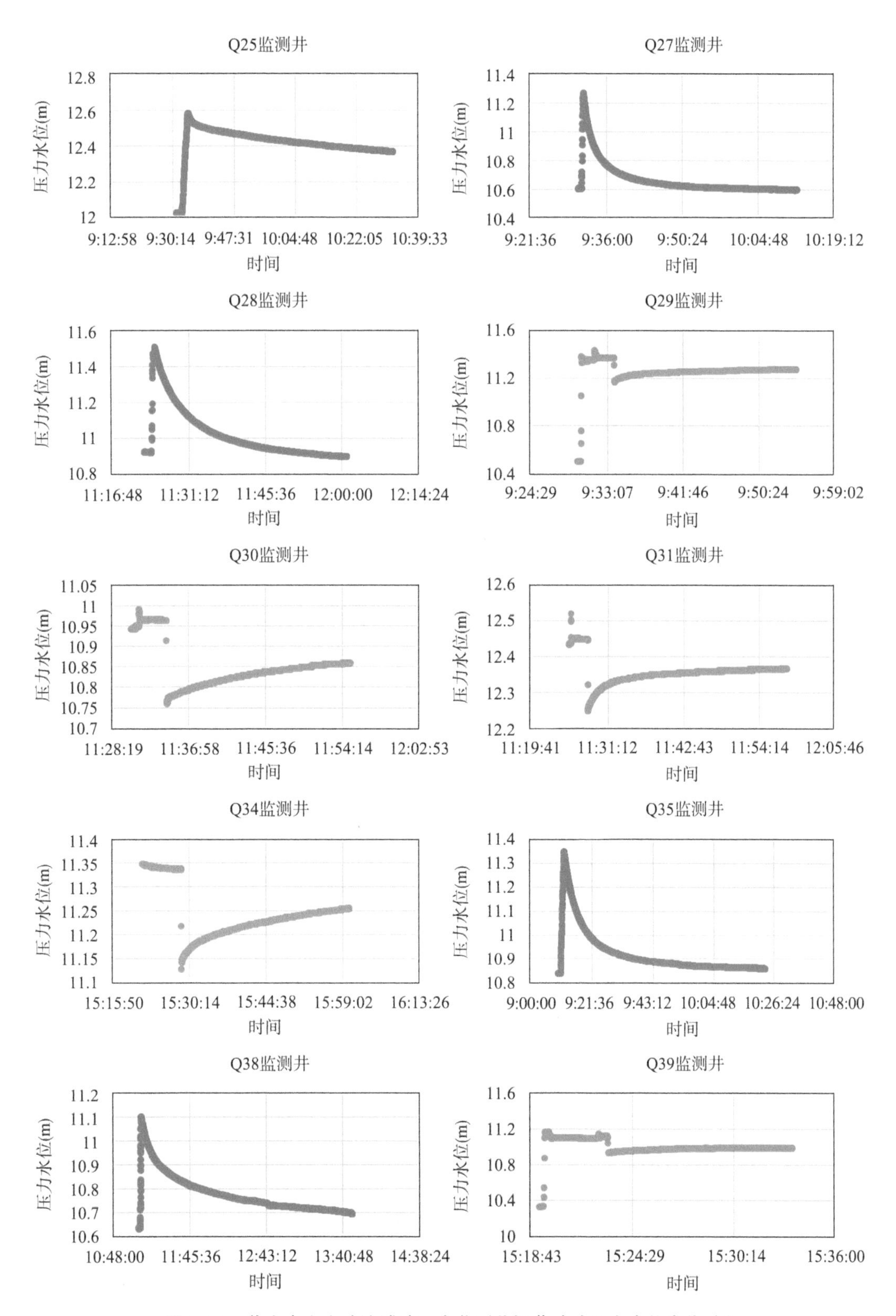

图 2.24　花山水文实验流域地下水监测井振荡试验压力水位变化过程

2.3 降水入渗补给系数确定

2.3.1 现场试验确定地层给水度

2.3.1.1 给水度的影响因素及经验取值

给水度(Specific Yield)μ 是指地下水水位下降单位体积时释出水的体积和疏干体积的比值[62]。确定含水层给水度方法,包括原状土取样室内释水试验、非稳定流抽水试验、疏干漏斗法、水量平衡法、野外容积法等。

岩土性质对给水度的影响,主要有 3 个方面,即岩土的矿物成分,颗粒大小、级配及分选程度和地下水黏滞性[63]。给水度与矿物成分对水分子的吸附力成反比;岩土颗粒小的吸附水量多则给水度小,颗粒粗的吸附水量少则给水度大;颗粒级配不均匀则给水度小,级配均匀则给水度大;黏滞性大的给水度小,黏滞性小的给水度大。

给水度不仅和包气带岩性有关,而且随释水时间、地下水埋深、水位变幅的变化而变化,各种岩性给水度经验值见表 2-1[64]。我国部分地区不同岩性给水度经验值见表 2-2[65]。

表 2-1 岩土体给水度经验值

岩性	给水度	岩性	给水度
黏土	0.02～0.035	细砂	0.08～0.11
亚黏土	0.03～0.045	中细砂	0.085～0.12
亚砂土	0.035～0.06	中砂	0.09～0.13
黄土状亚黏土	0.02～0.05	中粗砂	0.10～0.15
黄土状亚砂土	0.03～0.06	粗砂	0.11～0.15
粉砂	0.06～0.08	黏土胶结的砂岩	0.02～0.03
粉细砂	0.07～0.10	裂隙灰岩	0.008～0.10

(引自河北省地质局水文地质四大队,1978 年)

表 2-2 我国部分地区不同岩性给水度经验值

省份	黏土	亚黏土	亚砂土	粉砂
河南	0.01	0.03～0.04	0.04～0.05	0.05～0.06
山东	0.013	0.035	0.045	0.055
安徽	0.02	0.035～0.045	0.045～0.055	0.055～0.065
江苏	0.02～0.03	0.03～0.04	0.04～0.05	—
河北	0.01	0.03	0.05	—

2.3.1.2　花山水文实验流域第四系覆盖层给水度确定

(1) 近似估算数学模型

本节通过利用振荡试验近似确定花山水文实验流域不同区域第四系覆盖层给水度，假定地下水监测井中由水位降低而减少的水量全部进入含水层内，且在含水层中的分布近似为锥形(图 2.25)[66]，不考虑滞后效应，则进入含水层中的水量为

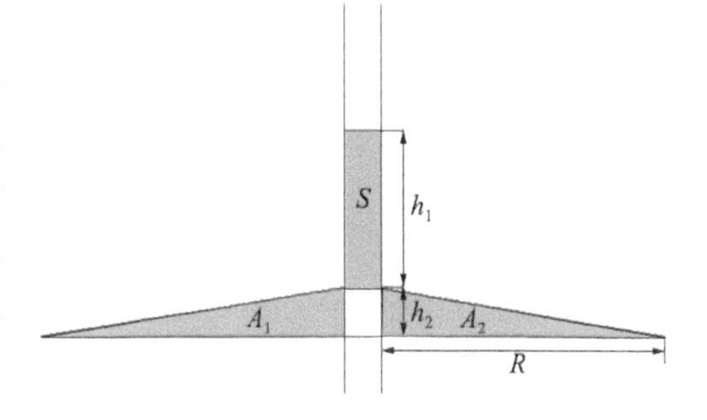

图 2.25　含水层给水度估算示意图

$$Q=\frac{1}{3}\pi R^2 h_2 \times \mu \tag{2-1}$$

式中，R 为锥底的距离(m)；h_2 为锥高(m)；μ 为给水度。

随着地下水监测井套管中水位下降，水量的减少体积为

$$Q=\pi r_w^2 (h_1-h_2) \tag{2-2}$$

式中，h_1 为注水结束时的孔中水位；r_w 为钻孔半径。

根据式(2-1)和式(2-2)可得：

$$\frac{1}{3}\pi R^2 h_2 \times \mu=\pi r_w^2 (h_1-h_2) \tag{2-3}$$

假设在每个径向延伸方向的垂直剖面都有面积 $S=A_1+A_2$，由此可得：

$$R=\frac{2r_w h_1}{h_2} \tag{2-4}$$

由式(2-3)和式(2-4)可得：

$$\mu=\frac{3(h_1-h_2)h_2}{4h_1^2} \tag{2-5}$$

(2) 振荡试验数学模型

振荡试验常用来在非常短的时间内确定含水层渗透系数(导水系数)和贮水系数，因为大多数振荡试验数学模型假设目标地层为承压含水层，或者假设振荡试验测试主井中水位变化未能引起潜水含水层中水位出现明显变化，故前述振荡试验均不考虑潜水含水层在振荡试验过程中非饱和带水流对试验结果的影响。Sun[67] 首次推导了潜水含水层中考虑非饱和流过程的振荡试验半解析解(简称 SHB 模型)，试验过程示意图见图 2.26。

非均质可压缩潜水含水层振荡试验过程中地下水流控制方程如下[68]：

$$\frac{\partial^2 h}{\partial r^2}+\frac{1}{r}\frac{\partial h}{\partial r}+\frac{K_z}{K_r}\frac{\partial^2 h}{\partial z^2}=\frac{S_s}{K_r}\frac{\partial h}{\partial t} \tag{2-6}$$

式中，h 为振荡试验测试主井外水头；r 为与振荡试验测试主井的距离；t 为测试主井中水位恢复初始时间；S_s 为贮水系数；z 为高程值；K_r 为水平径向渗透系数；K_z 为垂直渗透

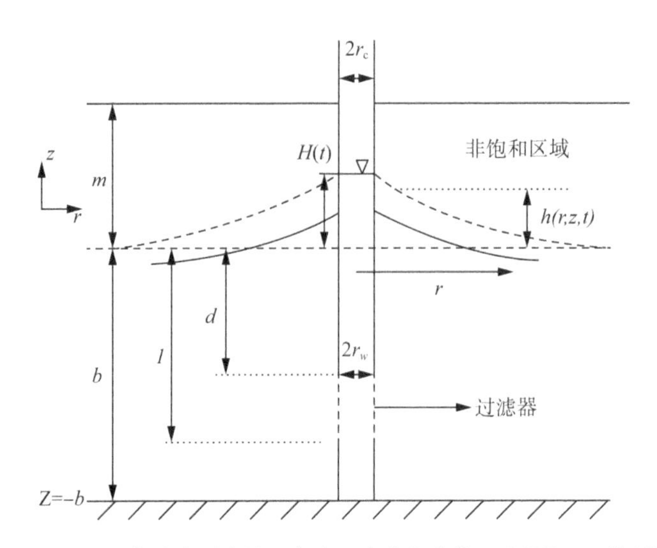

图 2.26　振荡试验测试井和含水层中水位变化示意图(SHB 模型)

系数。

Mathias 和 Butler 提出了 $z=\eta$ 位置自由面初始条件和边界条件为[69]

$$h(r,z,0)=\psi_s, r_w<r<\infty, -b\leqslant z\leqslant -\eta \tag{2-7}$$

$$h(\infty,z,t)=\psi_s, -b\leqslant z\leqslant -\eta \tag{2-8}$$

$$\frac{\partial h}{\partial z}(r,-b,t)=0 \tag{2-9}$$

式中，ψ_s 为含水层释水后压力水头，又称空气侵入压力；η 为自由面高程；b 为非饱和带厚度。

在水位 $-\eta$ 处，边界条件为

$$\frac{\partial h(r,\eta,t)}{\partial z}=\frac{\partial \varphi(r,\eta,t)}{\partial z}, z=-\eta \tag{2-10}$$

式中，φ 为非饱和带中水头。

振荡试验测试井中初始水位为

$$H(0)=H_0 \tag{2-11}$$

式中，H_0 为初始水头值。

振荡试验测试井-含水层系统在测试井过滤器的上部和下部之间满足：

$$2\pi r_w K_r d\,\frac{\partial h(r_w,z,t)}{\partial r}=0, z\geqslant -d \tag{2-12a}$$

$$2\pi r_w K_r(l-d)\,\frac{\partial h(r_w,z,t)}{\partial r}=\pi r_c^2\,\frac{\partial H(t)}{\partial t}, -l\leqslant z\leqslant -d \tag{2-12b}$$

$$2\pi r_w K_r(b-l)\frac{\partial h(r_w,z,t)}{\partial r}=0, z\leqslant -l \tag{2-12c}$$

式中，$H(t)$为 t 时刻振荡试验测试主井中水位；r_w 为过滤器有效半径；r_c 为套管有效半径；l 和 d 分别为过滤器底部和顶部在地下水位以下埋深。

振荡试验测试主井和邻近含水层中水头关系满足[70]：

$$K_s\frac{(h_s-H(t))}{d_s}=K_r\frac{\partial h(r_w,z,t)}{\partial r} \tag{2-13}$$

式中，K_s 为井壁渗透系数；d_s 为井壁厚度。平均井壁水头定义为

$$h_s=\frac{1}{l-d}\int_{-l}^{-d}h(r_w,z,t)\mathrm{d}z \tag{2-14}$$

根据 Mathias 和 Butler 模型，相比于垂直非饱和流，假设忽略水平非饱和流，Richards 非饱和流方程可以写为[71]

$$K_z\frac{\partial}{\partial z}(k(\psi)\frac{\partial\varphi}{\partial z})=\mu c(\psi)\frac{\partial\varphi}{\partial t}, \varphi=\psi+z \tag{2-15}$$

式中，μ 为给水度；ψ 为压力水头；φ 为非饱和带中总水头；$c(\psi)$ 和 $k(\psi)$ 分别为容水度和相对渗透率。

式(2-15)满足初始条件和边界条件：

$$\varphi=\psi_s r\geqslant r_w, z\geqslant -\eta(r,t), t=0 \tag{2-16}$$

$$\varphi=hr\geqslant r_w, z=-\eta(r,t), t=0 \tag{2-17}$$

$$\frac{\partial\varphi}{\partial z}=0r\geqslant r_w, z=m, t>0 \tag{2-18}$$

若 $\psi\leqslant\psi_s$

$$c(\psi)=a_c\mathrm{e}^{a_c(\psi-\psi_s)}; k(\psi)=\mathrm{e}^{a_k(\psi-\psi_s)} \tag{2-19}$$

式中，a_c 为水分保持指数；a_k 为相对渗透率指数；m 为非饱和带含水层厚度。Mishra 和 Neuman 提出[72-73]：

$$\mathrm{e}^{a_c(\psi-\psi_s)}=\frac{\theta(\psi)-\theta_r}{S_y} \tag{2-20}$$

式中，$\theta(\psi)$ 为水压力 ψ 条件下水分含量；θ_r 为残余水分含量。

Sun[67]通过对式(2-6)～式(2-20)组成的方程组进行无量纲化，并且利用拉普拉斯变换对方程组进行求解，并利用 Fortran 语言编制了不同给水度条件下潜水含水层振荡试验标准曲线生成程序。

(3) 计算结果分析

根据振荡试验过程中地下水监测井中水位变化和式(2-5)，计算地下水监测井所在位置附近第四系覆盖层给水度，计算结果见表 2-3。第四系覆盖层给水度的确定可以用于

花山水文实验流域内不同位置降水入渗补给系数的计算以及降水入渗补给量的数值模拟模型构建等研究。振荡试验过程较短，原来已呈平衡状态的土壤含水量曲线并不能瞬时随地下水水位的下降而迅速下降至新的平衡，因此，试验确定的给水度为瞬时给水度，其值往往小于完全给水度值。

表 2-3　花山水文实验流域第四系覆盖层给水度计算结果

序号	监测井编号	利用近似模型计算给水度值	利用 SHB 振荡试验模型计算给水度值
1	A03	0.158 6	0.1
2	A05	—	0.1
3	Q02	0.128 2	0.01
4	Q03	—	0.01
5	Q04	0.088 2	0.02
6	Q05	0.092 9	0.01
7	Q06	0.145 3	0.01
8	Q07	—	0.01
9	Q08	0.177 2	0.01
10	Q10	0.058 8	0.01
11	Q11	0.001 3	0.001
12	Q12	0.040 5	0.001
13	Q13	0.086 8	0.01
14	Q14	0.044 2	0.01
15	Q15	0.023 6	0.01
16	Q16	0.002 6	0.001
17	Q18	0.047 9	0.001
18	Q20	—	0.01
19	Q25	—	0.01
20	Q27	0.002 3	0.001
21	Q28	0.002 6	0.001
22	Q29	0.087 7	0.01
23	Q30	—	0.01
24	Q31	0.164 5	0.01
25	Q34	0.173 3	0.1
26	Q35	0.028 0	0.001
27	Q38	0.095 9	0.1
28	Q39	—	0.1

2.3.2　次降水入渗补给系数计算

降水入渗补给系数(Recharge coefficient of precipitation)α 是地下水资源规划管理和降水—土壤水—地表水—地下水“四水”转化中非常重要的水文参数,其精度直接影响水资源调查评价等工作成果的可靠性。王焕榜和贺伟程[74]探讨了平原地区降水入渗补给系数方法,分析了次降水入渗补给系数与年降水入渗补给量调查评价差异。

最初学者定义降水入渗补给系数如下[75]:

$$\alpha = \frac{P_r}{P - P_0} \tag{2-21}$$

式中,P_r 为降水入渗补给量(mm);P 为降水量(mm);P_0 为临界降水量(mm)。

然而临界降水量 P_0 取决于某一时段内总降水量、雨日、雨型、气象因素、时段初期包气带土壤含水率以及地下水埋深。因此,该参数会随着时间变化,其值也难以确定。目前,对于某个区域大气降水补给地下水的份额,用降水入渗补给系数表示:

$$\alpha = \frac{q_p}{P} \tag{2-22}$$

式中,q_p 为年降水单位面积补给地下水量(mm/a);P 为年降水量(mm/a)。

次降水入渗补给系数 α_0 是研究其他入渗系数的基础,计算公式为

$$\alpha_0 = \frac{P_{r0}}{P_0} \tag{2-23}$$

式中,α_0 为次降水入渗补给系数;P_{r0} 为次降水入渗补给量(mm);P_0 为次降水量(mm)。

花山水文实验流域地下水水位受降水影响明显,区域内农业灌溉和地下水开采量非常小,故通过地下水水位动态变化计算次降水入渗补给量:

$$P_{r0} = \mu \Delta H_0 \tag{2-24}$$

将式(2-24)代入式(2-23)可得:

$$\alpha_0 = \mu \frac{\Delta H_0}{P_0} \tag{2-25}$$

式中,μ 为给水度;ΔH_0 为次降水引起的地下水水位上升幅值(mm)。

本章根据花山水文实验流域降水监测结果和 26 眼浅层地下水监测井中水位变化监测结果绘制包含降水峰值和地下水水位峰值的历时图。2018—2020 年降水量与地下水水位变化关系见图 2.26,2018—2020 年花山水文实验流域地下水水位变化分布见图 2.27。

本章根据每年降水量较大值计算的 2018—2020 年花山水文实验流域次降水入渗补给系数计算结果见表 2-4。

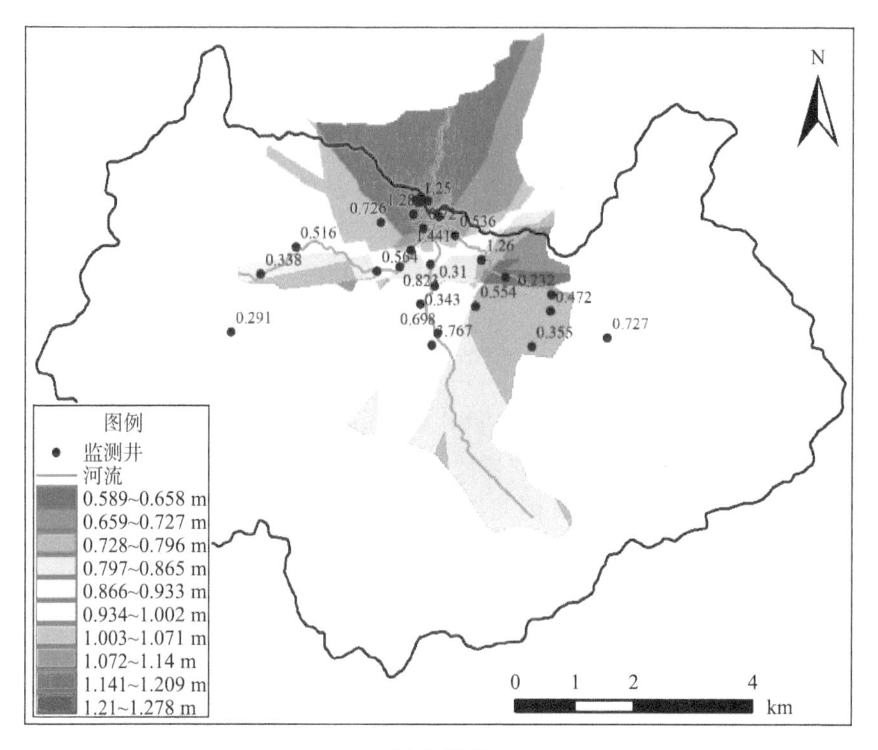

(a) 2018 年

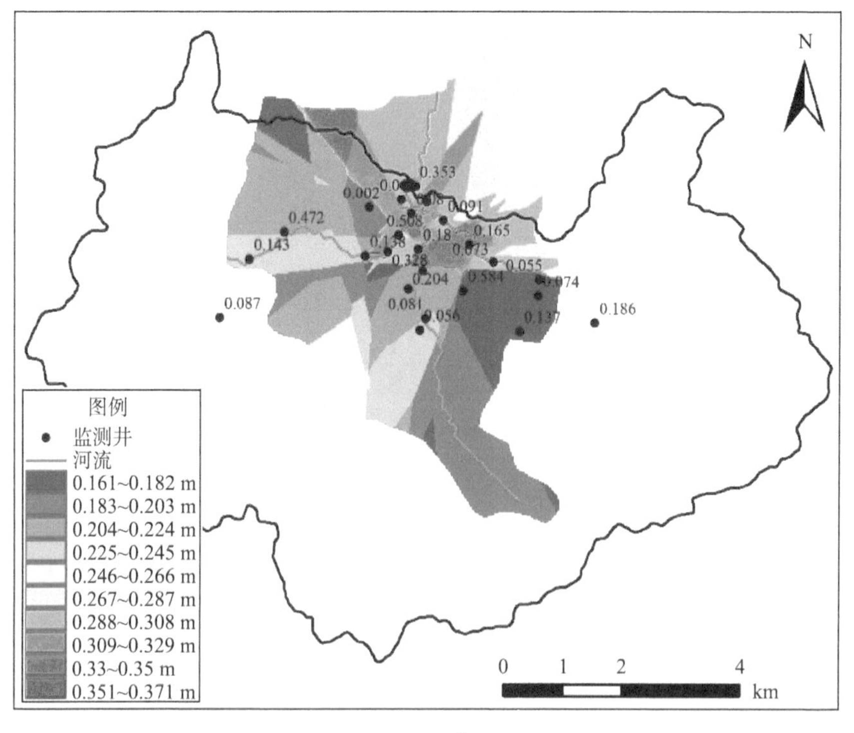

(b) 2019 年

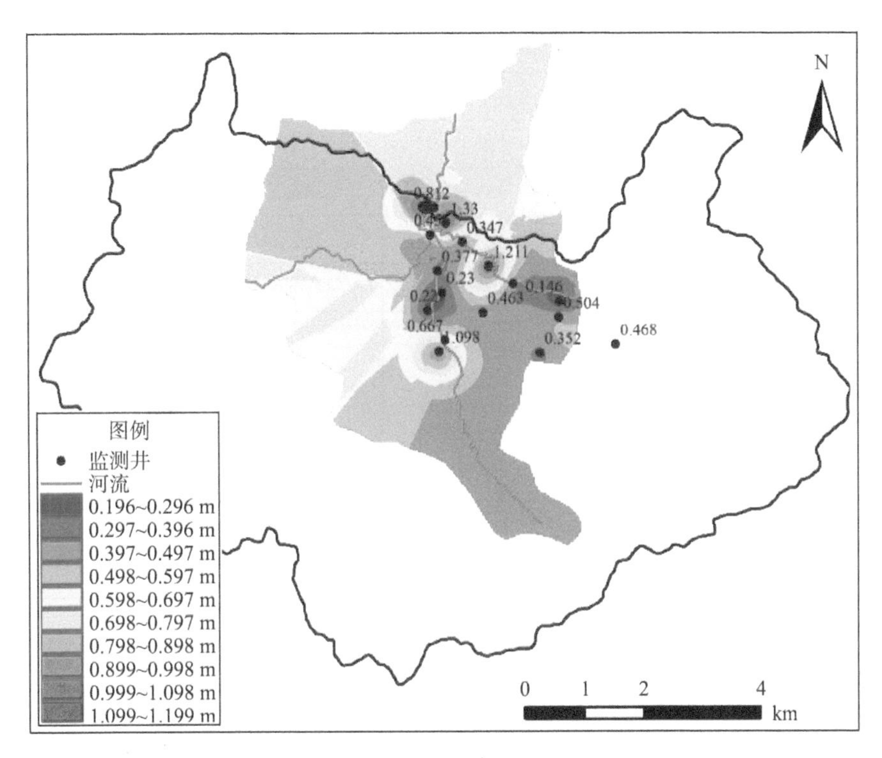

(c) 2020 年

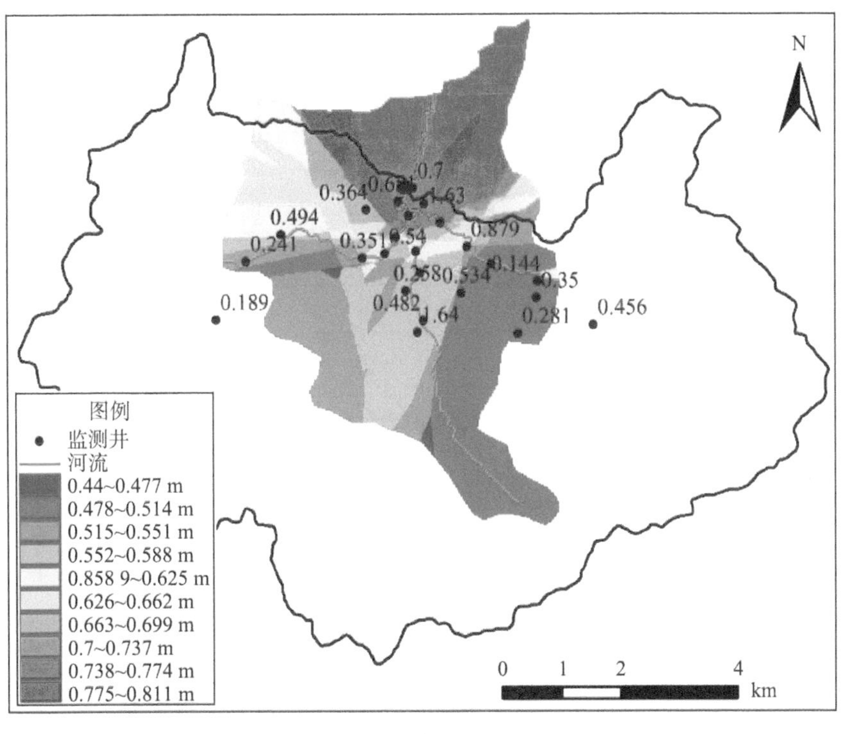

(d) 3 年平均

图 2. 27　花山水文实验流域 2018—2020 年地下水水位变化分布图

表 2-4　2018—2020 年花山水文实验流域次降水入渗补给系数计算结果

序号	监测井编号	2018 年	2019 年	2020 年
1	A01	0.175 6	0.149 6	0.444 9
2	A01	0.273 9	0.092 7	0.190 3
3	A01	0.041 2	0.244 6	0.005 1
4	A01	0.052 9	0.077 5	—
5	A02	0.140 6	0.047 5	0.032 6
6	A02	0.103 4	0.034 3	0.044 2
7	A02	0.084 0	0.012 8	0.092 7
8	A02	0.059 2	0.010 4	—
9	A03	0.124 7	0.023 8	0.058 1
10	A03	0.106 6	0.018 5	0.043 9
11	A03	0.152 8	0.018 4	0.099 9
12	A03	0.094 1	0.023 8	—
13	A04	0.151 3	0.063 6	0.074 7
14	A04	0.115 3	0.019 4	0.068 4
15	A04	0.072 3	0.025 0	0.094 5
16	A04	0.082 2	0.011 0	—
17	A05	0.106 2	0.034 2	0.219 5
18	A05	0.126 6	0.001 7	0.071 3
19	A05	0.145 9	0.008 5	0.036 2
20	A05	0.073 5	—	—
21	Q02	0.037 7	0.047 4	0.077 5
22	Q02	0.051 4	0.036 6	0.067 8
23	Q02	0.028 2	0.056 9	0.011 0
24	Q02	0.021 9	0.034 7	—
25	Q03	0.043 7	0.013 9	0.035 1
26	Q03	0.039 4	0.088 2	0.032 1
27	Q03	0.014 7	0.105 7	0.012 1
28	Q03	0.008 1	0.085 4	—
29	Q04	0.051 0	0.044 1	0.065 1
30	Q04	0.027 6	0.023 5	0.013 1
31	Q04	0.012 7	0.030 1	0.008 1

续表

序号	监测井编号	2018 年	2019 年	2020 年
32	Q04	0.016 9	0.077 4	—
33	Q05	0.063 3	0.025 7	0.068 2
34	Q05	0.061 6	0.011 6	0.063 5
35	Q05	0.084 2	0.023 3	0.051 0
36	Q05	0.048 6	0.014 1	—
37	Q07	0.055 4	0.026 5	0.053 0
38	Q07	0.065 7	0.030 6	0.040 4
39	Q07	0.045 0	0.012 4	0.020 2
40	Q07	0.029 5	0.014 5	—
41	Q08	0.056 0	0.027 8	0.069 8
42	Q08	0.060 4	0.016 9	0.038 4
43	Q08	0.038 9	0.006 0	0.021 6
44	Q08	0.043 4	0.009 8	—
45	Q10	0.094 8	0.066 8	—
46	Q10	0.109 2	0.088 5	—
47	Q10	0.036 9	0.083 1	—
48	Q10	0.047 6	0.085 2	—
49	Q11	0.067 8	0.037 6	—
50	Q11	0.072 2	0.019 1	—
51	Q11	0.040 5	0.061 7	—
52	Q11	0.021 0	0.022 2	—
53	Q13	0.048 1	0.123 7	—
54	Q13	0.084 0	0.129 0	—
55	Q13	0.033 6	0.209 2	—
56	Q13	0.029 2	0.045 9	—
57	Q14	0.043 1	0.032 1	—
58	Q14	0.050 5	0.026 2	—
59	Q14	0.016 2	0.050 5	—
60	Q14	0.010 1	0.034 1	—
61	Q15	0.052 4	0.125 2	0.126 9
62	Q15	0.075 1	0.228 0	0.076 9
63	Q15	0.041 7	0.191 3	0.006 6

续表

序号	监测井编号	2018 年	2019 年	2020 年
64	Q15	0.035 7	0.083 5	—
65	Q18	0.039 1	0.034 0	0.106 0
66	Q18	0.031 0	0.046 3	0.045 6
67	Q18	0.023 3	0.036 7	0.005 4
68	Q18	0.025 9	0.021 7	—
69	Q24	0.069 1	0.094 7	0.145 4
70	Q24	0.093 4	0.000 6	0.072 9
71	Q24	0.095 7	0.026 7	0.003 2
72	Q24	0.024 7	0.012 4	—
73	Q26	0.169 4	0.001 2	—
74	Q26	0.003 4	0.000 2	—
75	Q26	0.002 4	0.000 2	—
76	Q26	0.002 6	0.000 1	—
77	Q29	0.036 4	0.017 2	0.030 0
78	Q29	0.025 0	0.023 2	0.017 4
79	Q29	0.006 6	0.007 8	0.006 3
80	Q29	0.006 4	0.004 5	—
81	Q30	0.106 3	0.097 4	0.323 2
82	Q30	0.207 1	—	0.219 0
83	Q30	0.092 4	0.012 4	0.015 6
84	Q30	0.078 2	—	—
85	Q31	0.118 6	0.193 6	—
86	Q31	0.234 5	0.021 7	—
87	Q31	0.107 0	0.093 9	—
88	Q31	0.093 9	0.097 9	—
89	Q36	0.168 8	0.003 2	—
90	Q36	0.146 7	0.003 2	—
91	Q36	0.090 2	—	—
92	Q36	0.040 7	0.005 5	—
93	Q37	0.139 8	0.601 6	0.449 6
94	Q37	0.340 0	0.264 9	0.185 4
95	Q37	0.052 1	0.799 1	0.004 6

续表

序号	监测井编号	2018 年	2019 年	2020 年
96	Q37	0.191 6	0.000 1	—
97	Q38	0.079 0	0.024 5	0.037 7
98	Q38	0.097 8	0.014 0	0.025 1
99	Q38	0.054 7	0.026 5	0.041 3
100	Q38	0.031 8	0.011 6	—
101	Q39	0.360 2	0.000 6	0.412 5
102	Q39	0.619 5	0.001 2	0.110 9
103	Q39	0.059 4	0.095 7	0.002 3
104	Q39	0.309 9	—	—

2.4　降水入渗补给影响因素分析

分析降水入渗补给地下水的影响因素，可从入渗机制出发，分析降水量转化为包气带蒸散量、地表径流量及地下水补给量的全部过程。

2.4.1　降水入渗补给系数经验值

根据全国水资源调查评价水文地质参数经验值，南方平原地区不同岩性地层（砂卵砾石、中粗砂、细砂、亚砂土、亚黏土、黏土）年降水入渗补给系数、降水量、地下水埋深关系见图 2.28。年降水量在 600～800 mm 时，不同岩性年降水入渗补给系数最大；年降水量小于 600 mm 或者大于 800 mm 条件下年降水入渗补给系数减小。不同岩性地层年降水入渗补给系数随着地下水埋深先增大后减小，有利于降水入渗补给的地下水最佳埋深在 3～4 m。

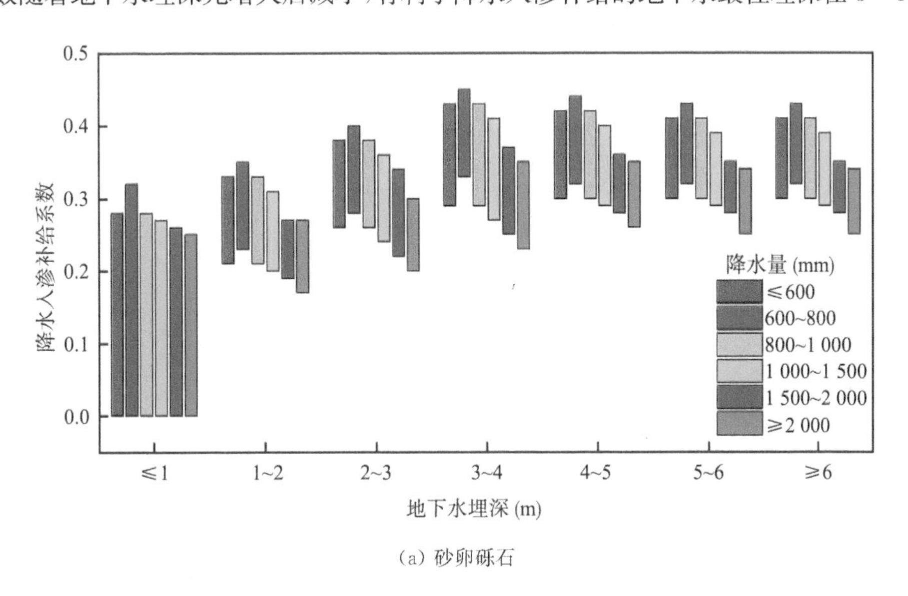

(a) 砂卵砾石

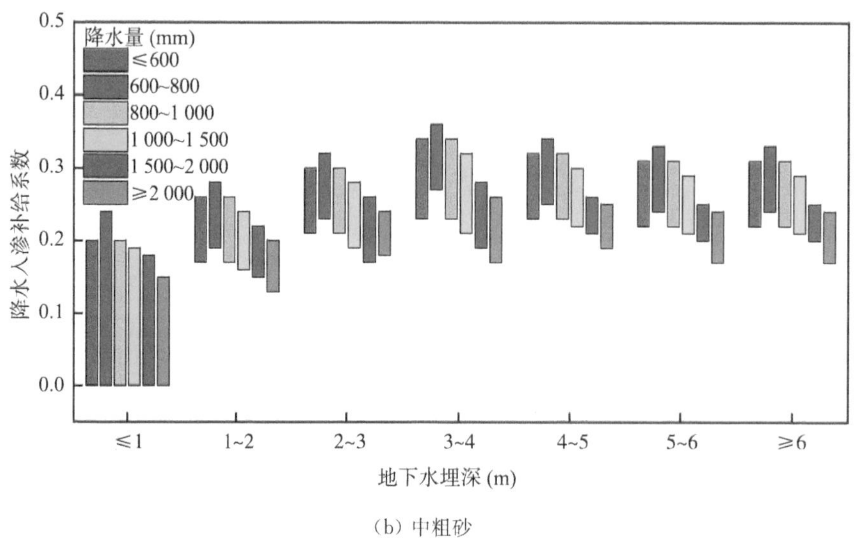

（b）中粗砂

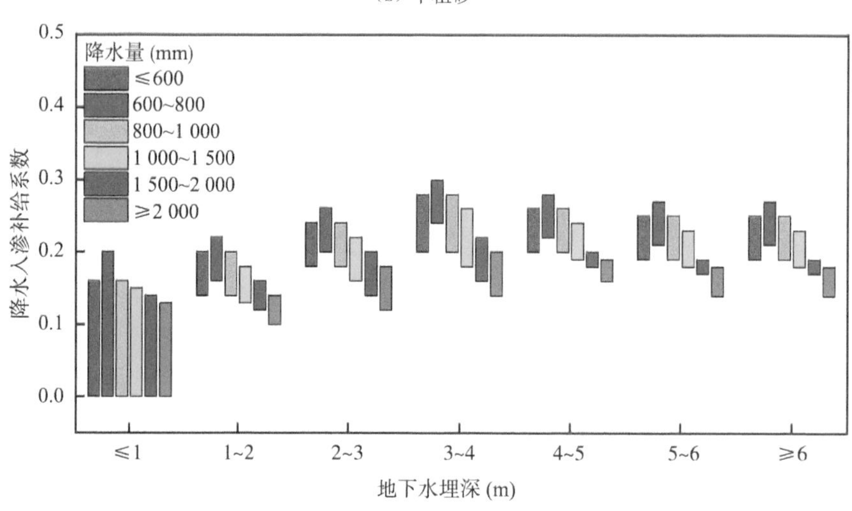

（c）细砂

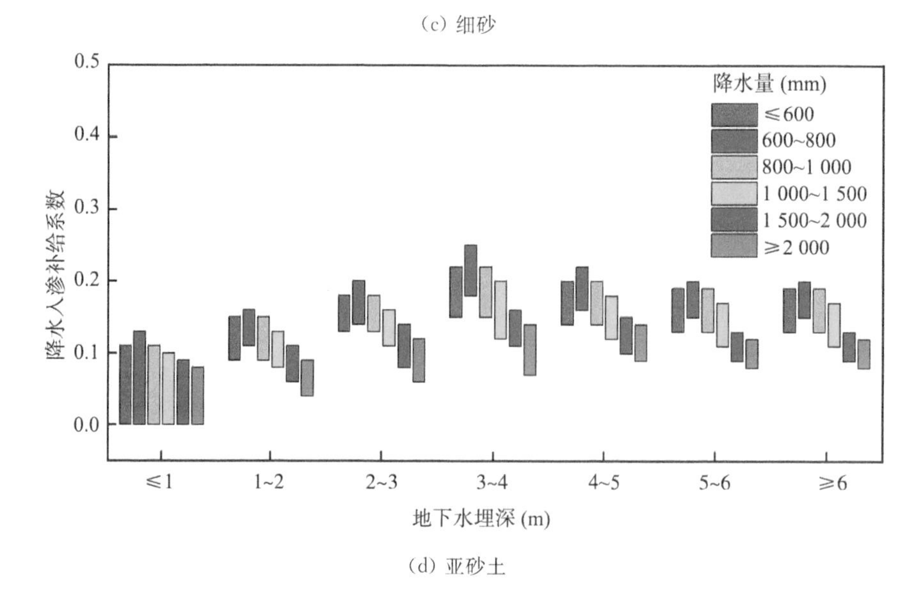

（d）亚砂土

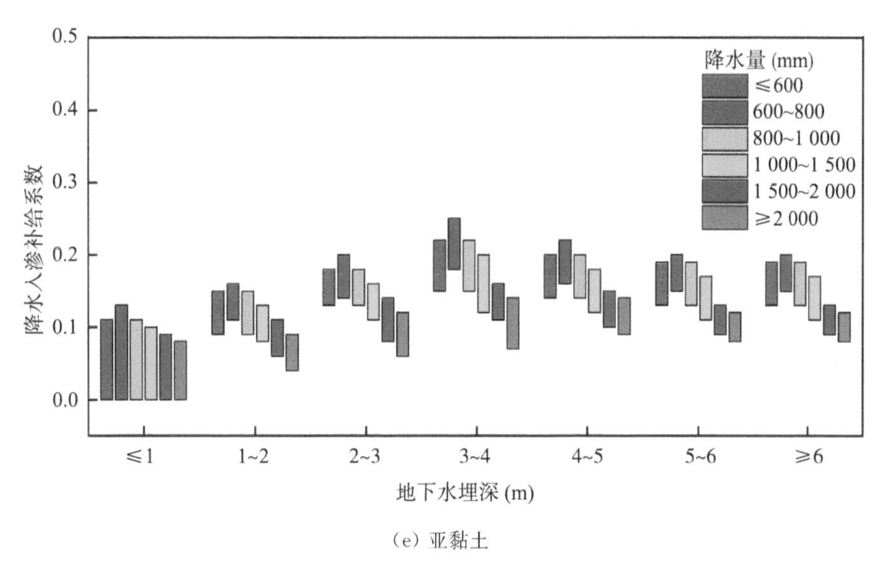

(e) 亚黏土

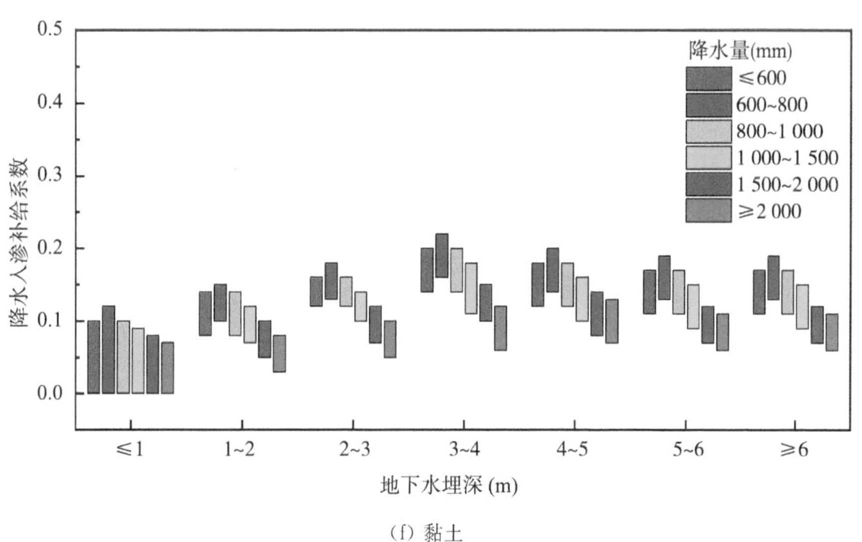

(f) 黏土

图 2.28　不同岩性降水入渗补给系数、降水量、地下水埋深关系图

(数据来源:《全国水资源调查评价技术细则》附录 C　主要水文地质参数)

2.4.2　降水量对入渗的影响

花山水文实验流域 2018 年属于丰水年,本书统计的 17 次降水的总量合计 1 117.6 mm,占全年降水总量的 83.7%。2018 年全年降水量总体较为分散,本书统计的 17 次降水中,降水量在 20～60 mm 范围内的共计 9 次,降水量在 61～100 mm 范围内的共计 5 次,降水量大于 100 mm 的共计 3 次,其中单次最大降水量为 167.1 mm。

花山水文实验流域 2019 年属于枯水年,本书统计的 10 次降水的总量合计 409.1 mm,占全年降水总量的 65.1%。2019 年全年降水量总体较为分散,本书统计的 10 次降水中,降水量在 20～60 mm 范围内的共计 7 次,降水量在 61～100 mm 范围内的共计 3 次,其中单次最大降水量为 67.4 mm。

花山水文实验流域 2020 年属于丰水年，本书统计的 10 次降水的总量合计 1 083.3 mm，占全年降水总量的 80.3%。2020 年 1—11 月降水量总体较为集中，本书统计的 10 次降水中，降水量在 20～60 mm 范围内的共计 3 次，降水量在 61～100 mm 范围内的共计 3 次，降水量大于 100 mm 的共计 4 次，其中单次最大降水量为 330.7 mm。

本书根据 2018—2020 年共计 37 次降水后，花山水文实验流域 26 眼浅层地下水监测井水位在降水前后的变化过程计算了不同降水量条件下的次降水入渗补给系数。剔除数据坏点后，按降水量范围分为 3 组(20～60 mm、61～100 mm 和大于 100 mm)，地下水埋深与次降水入渗补给系数关系见图 2.29。

当花山水文实验流域降水量在 20～60 mm 时，流域第四系覆盖层区域次降水入渗补给系数变化范围在 0～0.6；当花山水文实验流域降水量在 61～100 mm 时，全流域第四系覆盖层区域次降水入渗补给系数变化范围在 0～0.4；当花山水文实验流域降水量大于 100 mm 时，全流域第四系覆盖层区域次降水入渗补给系数变化范围在 0～0.2。

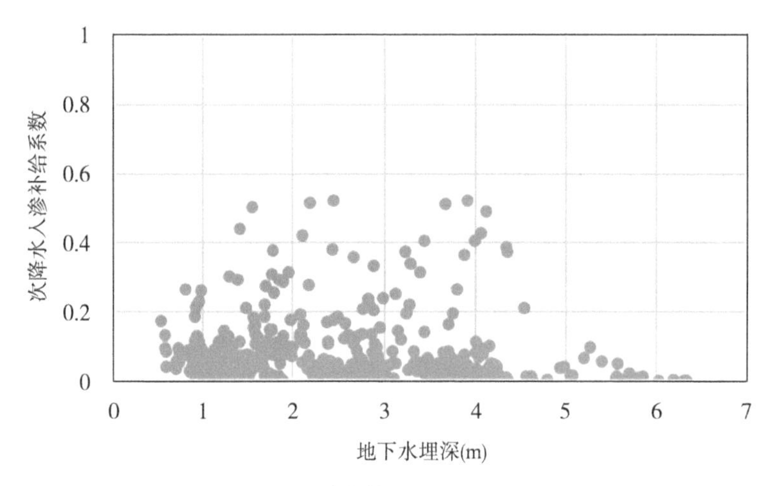

(a) 降水量 20～60 mm

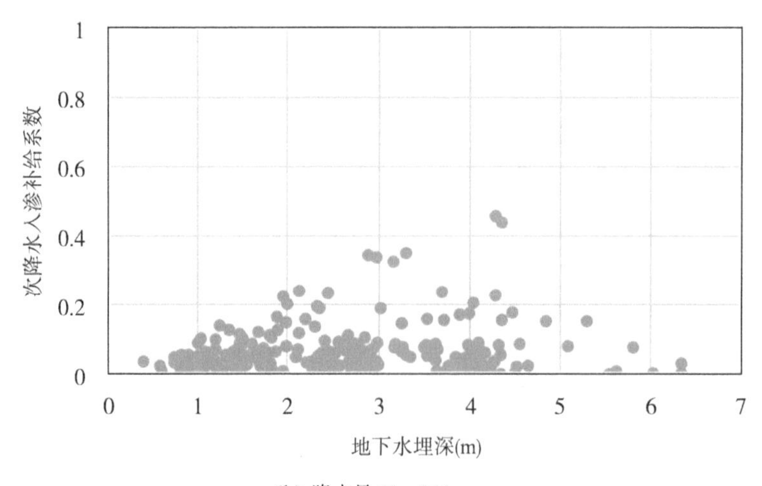

(b) 降水量 61～100 mm

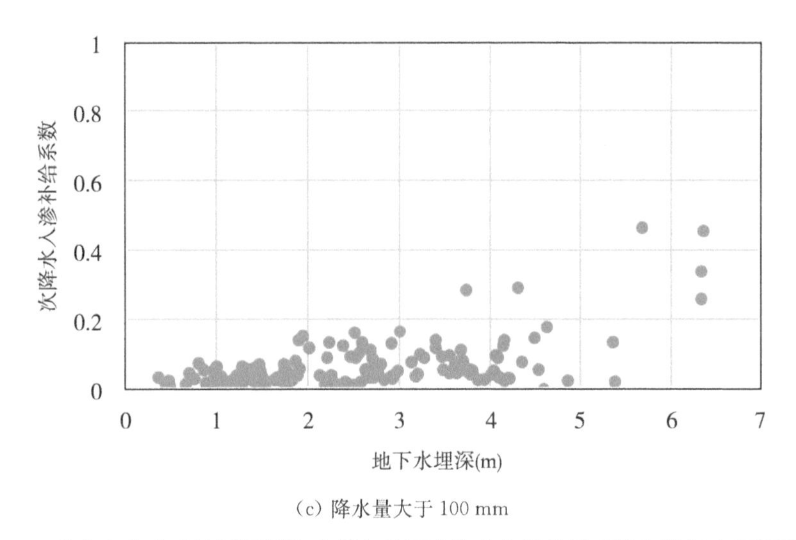

(c) 降水量大于 100 mm

图 2.29　花山水文实验流域不同降水量条件下次降水入渗补给系数与地下水埋深关系图

花山水文实验流域 2018 年降水入渗补给系数要大于 2019 年和 2020 年降水入渗补给系数。分析结果表明,花山水文实验流域内降水强度及其时间分布影响降水入渗补给系数,强度不大的连绵降水最有利于降水入渗补给地下水。主要原因是间歇性降水只能湿润土壤表面并蒸发消耗,难以入渗地下水形成有效补给;集中的强降水使超过地表入渗能力的部分蓄满产流,也降低了降水入渗补给量。

年降水量的大小,对降水入渗补给系数影响很大。降水需要首先补足包气带水分亏缺,才能形成对地下水的有效补给,年降水量小时,年降水入渗补给系数值很小。花山水文实验流域 2018—2020 年不同地下水监测井确定的年降水入渗补给系数见图 2.30。

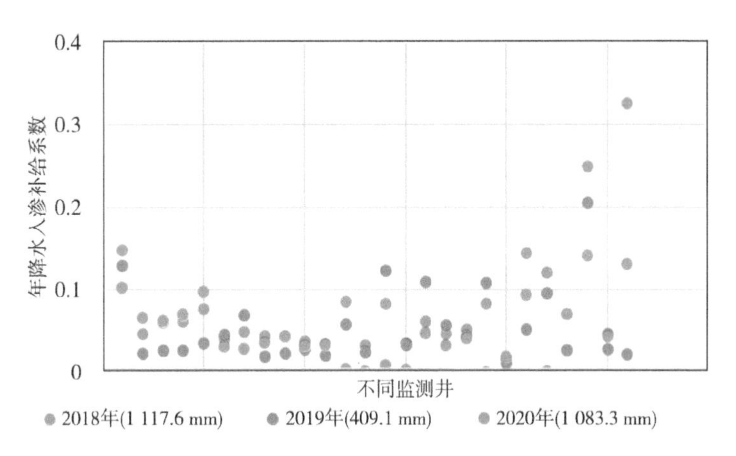

图 2.30　花山水文实验流域 2018—2020 年降水入渗补给系数

2018 年花山水文实验流域范围内不同监测井确定的年降水入渗补给系数平均值为 0.081,高于 2019 年的平均值 0.056 和 2020 年的 0.047。不同监测井中 2018 年降水入渗补给系数较大,主要原因是 2018 年全年降水量较大并且年内分配较均匀。虽然 2020 年花山水文实验流域降水量较 2018 年大,但是由于年内降水集中且极值较大,导致 2020 年降水入渗补给系数与 2019 年接近。

2.4.3 地下水埋深对入渗的影响

地下水埋藏深度对降水入渗补给地下水的影响比较复杂。地下水埋藏深度过小，包气带接近地面，降水转化为地表径流的份额大，降水入渗补给系数则小；地下水埋藏深度过大，包气带滞留水量增加，降水入渗补给系数也小。花山水文实验流域不同埋深条件下次降水入渗补给系数见图 2.29，花山水文实验流域地下水年均埋深分布见图 2.31，年降水入渗补给系数分布见图 2.32。

图 2.29 表明，受降水强度和持续时间影响，2018 年花山水文实验流域降水入渗主要集中分布在地下水埋深 2～4 m 范围之内，当地下水埋深从 0 m 增加到 2 m，次降水入渗补给系数增加到接近 0.6；当地下水埋深从 2 m 增加到 4 m，次降水入渗补给系数变化不大；当地下水埋深从 4 m 增加到 6 m，次降水入渗补给系数逐步减小。2019 年花山水文实验流域降水入渗主要集中分布在地下水埋深 3 m 处，当地下水埋深从 0 m 增加到 3 m，次降水入渗补给系数增加到 0.4；当地下水埋深从 3 m 增加到 6 m，次降水入渗补给系数逐步减小。2020 年花山水文实验流域降水入渗主要集中分布在地下水埋深 2～4 m 范围之内，当地下水埋深从 0 m 增加到 2 m，次降水入渗补给系数增加到接近 0.2；当地下水埋深从 2 m 增加到 4 m，次降水入渗补给系数变化不大；当地下水埋深从 4 m 增加到 6 m，次降水入渗补给系数逐步减小。

图 2.31 表明，受降水强度和时间的影响，2018 年花山水文实验流域第四系覆盖层区域年地下水埋深分布在 1.76～3.44 m，中源河道两侧地下水埋深分布在 2.95～3.44 m，大于西源和东源河道两侧区域；2019 年受花山水文实验流域内降水减少影响，地下水埋深在空间上的分布特征没有出现较大的变化，但是受降水入渗补给量减少的影响，流域内地下水埋深增加明显，地下水埋深分布在 2.01～4.06 m，中源河道两侧地下水埋深分布在 3.45～4.06 m，大于西源和东源河道两侧区域；2020 年花山水文实验流域进入丰水年，1—11 月累计降水量已超过 2018 年全年降水量，降水强度较大，中源河道两侧地下水埋深相对于 2019 年减小明显，地下水埋深分布在 2.82～3.18 m，东源河道两侧地下水埋深分布在 1.60～2.34 m。

图 2.32 表明，2018 年花山水文实验流域中源区域降水入渗补给系数变化范围在 0.11～0.13，大于东源区域和西源区域，上游区域降水入渗补给系数明显大于下游区域降水入渗补给系数；2019 年花山水文实验流域地下水埋深增大后，降水入渗补给系数空间分布较 2018 年发生较大变化，流域内降水入渗补给系数变化范围为 0.043～0.075，上游区域降水入渗补给系数与下游降水入渗补给系数差异不大；2020 年花山水文实验流域内地下水埋深减小，降水入渗补给系数在地下水水位上升和降水量增加共同作用下较 2019 年明显增大，中源区域降水入渗补给系数变化范围为 0.075 9～0.107，略小于 2018 年相同区域降水入渗补给系数。

花山水文实验流域 2018—2020 年空间上降水入渗补给系数的分布和不同降水量条件下年际间降水入渗补给系数的变化特征都表明：地下水埋深对流域内降水入渗补给系数作用明显，地下水埋深 2.5～3.5 m 最有利于降水入渗补给地下水，降水入渗补给系数最大，埋深过小或过大均会导致降水入渗补给系数的减小。

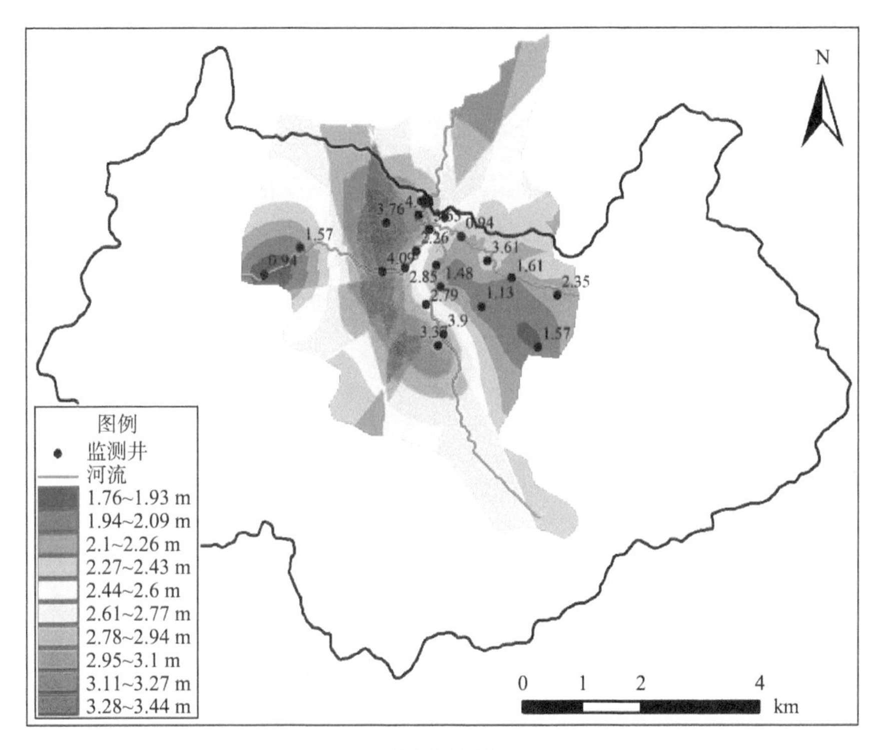

(a) 2018 年

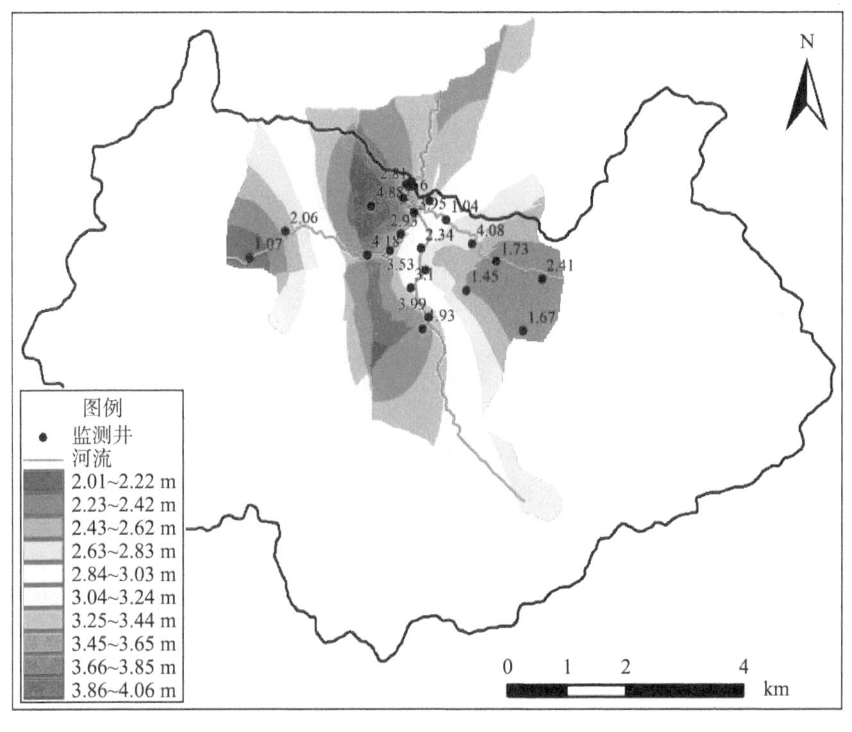

(b) 2019 年

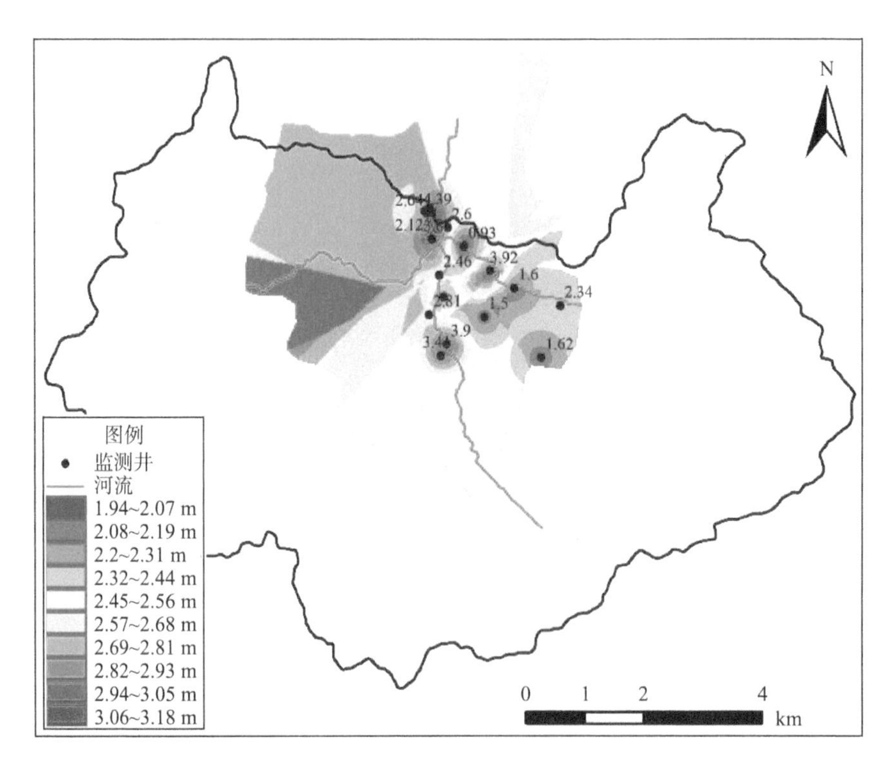

(c) 2020 年

图 2.31 花山水文实验流域 2018—2020 年地下水埋深分布图

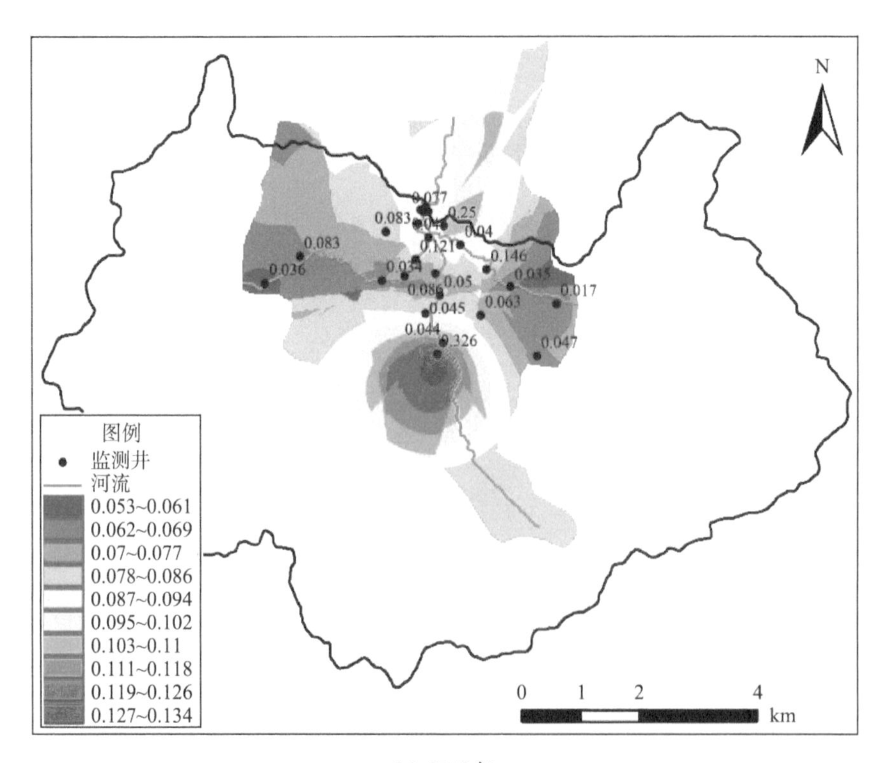

(a) 2018 年

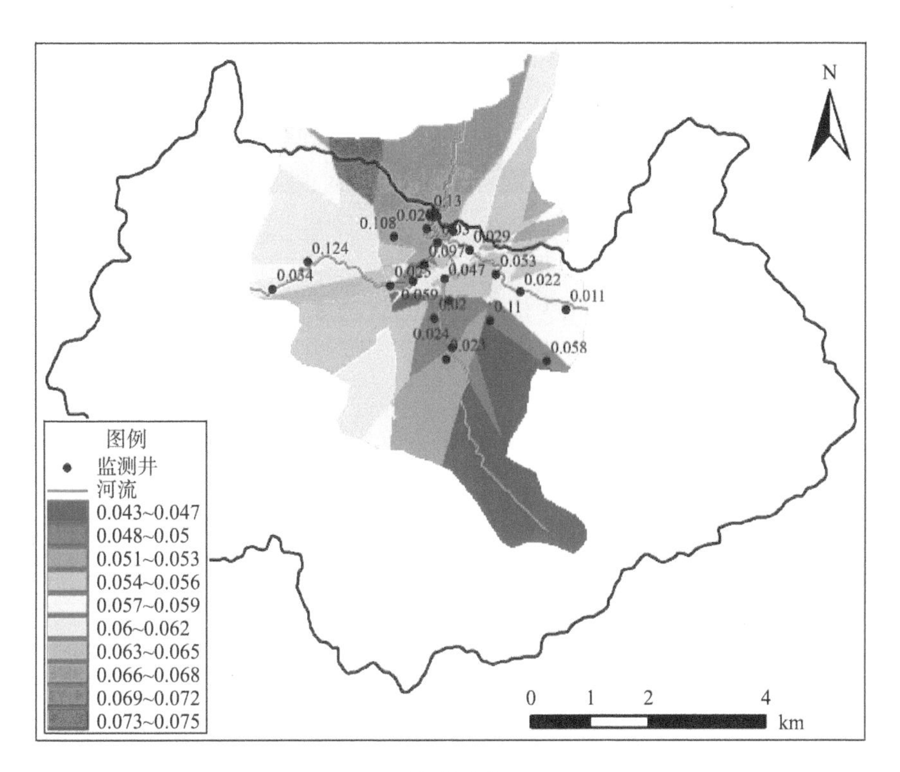

(b) 2019 年

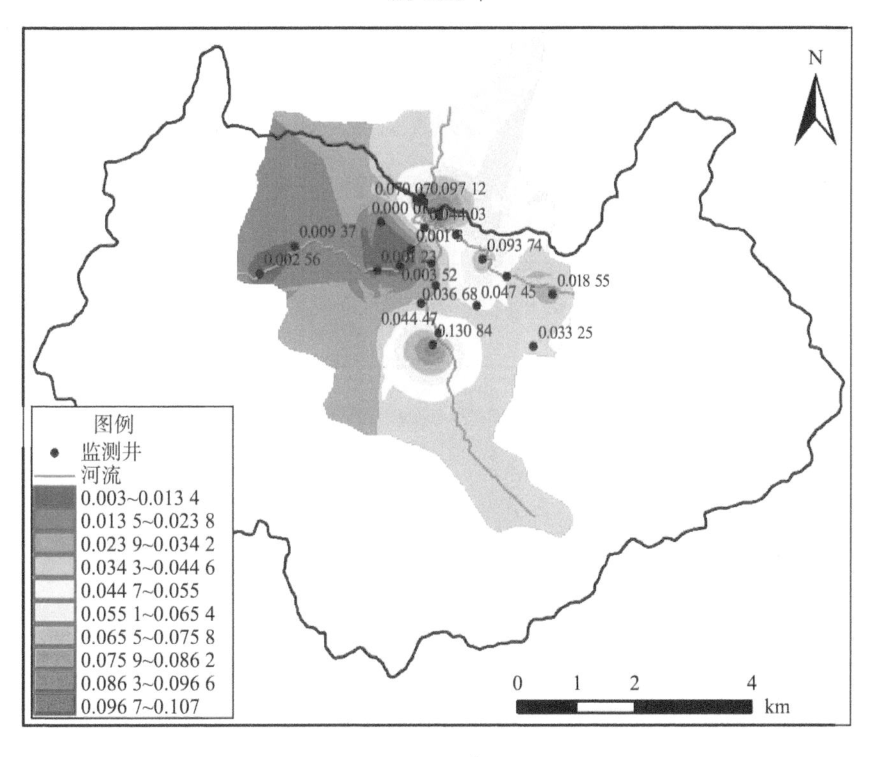

(c) 2020 年

图 2.32　花山水文实验流域 2018—2020 年降水入渗补给系数分布图

2.4.4 地形坡度对入渗的影响

地面坡度就是坡面与地面所成锐角的正切值，可以理解为坡上两个不同点间高度差与其水平距离的比值，或以水平面为基准，沿测量的坡面顶端向坡面底端画出的一条斜线与水平面所成的夹角。地形坡度对降水入渗系数的影响，取决于降水强度与入渗能力的关系。降水强度小于入渗能力时，地形坡度不影响降水入渗补给地下水；降水强度大于入渗能力时，地形坡度越大，降水转化为地表径流的就越多，降水入渗系数越小。花山水文实验流域地形坡度分布见图 2.33，花山水文实验流域 2018—2020 年地形坡度与降水入渗补给系数关系见图 2.34。

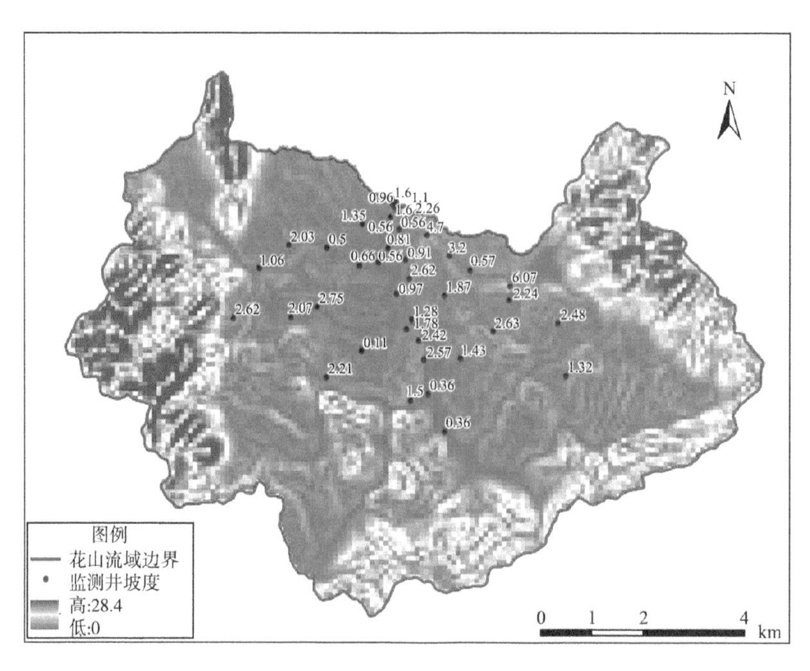

图 2.33　花山水文实验流域地形坡度分布图

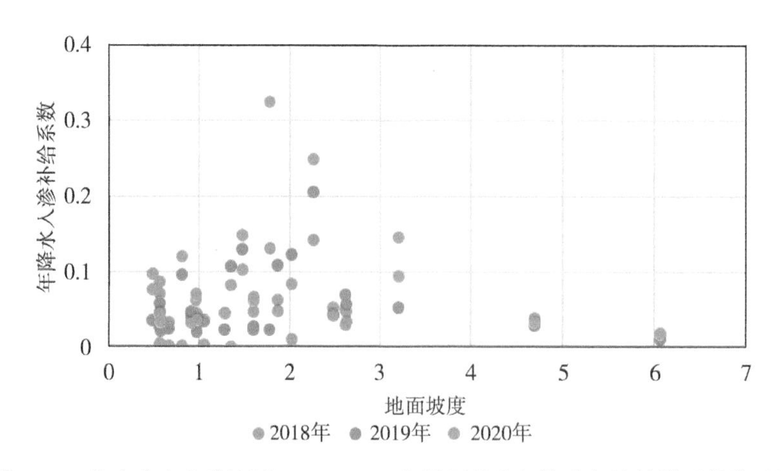

图 2.34　花山水文实验流域 2018—2020 年地形坡度与降水入渗补给系数关系图

图 2.34 表明，花山水文实验流域降水入渗补给系数受地形坡度作用过程比较复杂，当花山流域地面坡度小于 2 区域，降水入渗补给系数主要受降水量和地下水埋深共同作用，坡度变化对降水入渗补给系数的影响不明显；当花山流域地面坡度大于 2 区域，降水入渗补给系数随着地面坡度增加明显减小。

2.5　本章小结

本章从地理位置、地质地貌、水文气象、土壤植被、河流水系和水文地质条件等方面介绍了花山水文实验流域基本情况，在花山水文实验流域对降水、土壤水(含水率、电导率、温度)、地下水(水位、水温)、地表水进行了长序列、高精度、高频次监测，监测频率分别为 1 次/min、1 次/5min、1 次/30min(水文地质试验过程中监测频率为 1 次/s)、1 次/d，降水量监测主要分布在流域上游水库和下游出口断面，土壤水原位监测位于运行称重式蒸渗仪的气象场，地下水监测覆盖了流域内主要第四系覆盖层的潜水含水层，地表水监测断面位于流域出口断面。

本章调查分析了南方平原区不同岩性降水入渗补给系数经验值，年降水量在 600～800 mm、地下水最佳埋深在 3～4 m，最有利于降水入渗补给。基于花山水文实验流域 28 眼地下水监测井中振荡试验过程监测，运用近似数学模型和振荡试验解析解模型确定了流域第四系覆盖层给水度；2018—2019 年共选择 37 次对地下水水位产生明显影响的降水场次，基于降水监测数据、地下水水位变化数据和相应给水度计算了花山水文实验流域不同位置次降水入渗补给系数。参考年降水入渗补给系数与岩性、降水量、地下水埋深的经验关系，重点研究了花山水文实验流域内降水量、地下水埋深和流域地形坡度对降水入渗补给系数的影响。

本章按降水量范围分为 3 组(20～60 mm、61～100 mm 和大于 100 mm)，研究结果表明，当花山水文实验流域降水量在 20～60 mm 时，全流域第四系覆盖层区域次降水入渗补给系数变化范围在 0～0.6；当花山水文实验流域降水量在 61～100 mm 时，全流域第四系覆盖层区域次降水入渗补给系数变化范围在 0～0.4；当花山水文实验流域降水量大于 100 mm 时，全流域第四系覆盖层区域次降水入渗补给系数变化范围在 0～0.2。花山水文实验流域内降水强度及其时间分布影响入渗系数，强度不大的连绵降水最有利于降水入渗补给地下水。主要原因是间歇性降水只能湿润土壤表面并蒸发消耗，难以入渗地下水有效补给；集中的强降水使超过地表入渗能力的部分蓄满产流，也降低了降水入渗补给量。

花山水文实验流域 2018—2020 年空间上降水入渗补给系数的分布和不同降水量条件下年际间降水入渗补给系数的变化特征都表明，地下水埋深对流域内降水入渗补给系数作用明显，地下水埋深 2.5～3.5 m 最有利于降水入渗补给地下水，降水入渗补给系数最大，埋深过小或过大均会导致降水入渗补给系数的减小。

地形坡度对降水入渗系数的影响，取决于降水强度与入渗能力的关系。研究结果表明，花山水文实验流域降水入渗补给系数受地形坡度作用过程比较复杂，当花山水文实验流域地面坡度小于 2 区域，降水入渗补给系数主要受降水量和地下水埋深共同作用，坡度变化对降水入渗补给系数的影响不明显；当花山水文实验流域地面坡度大于 2 区域，降水入渗补给系数随着地面坡度增加明显减小。

第3章

降水入渗补给量调查评价方法

本章梳理总结了多种降水入渗补给量调查评价方法，主要包括基于土壤水监测的调查评价方法、基于水量均衡原理的调查评价方法、基于同位素检测技术的调查评价方法和基于数值模拟模型的调查评价方法。

3.1 基于土壤水监测的评价方法

3.1.1 称重式蒸渗仪监测

地中蒸渗仪是观测潜水蒸发、入渗补给参数最为直接的装置。传统马利奥特瓶(以下简称“马氏瓶”)控制水位的地中蒸渗仪由填装不同岩性介质土柱、水位控制模块组成,并需要建造同等深度的地下观测房。土柱的上界面直接与大气相通,蒸渗仪中的土壤水分通过土柱直接与大气交换,适合研究潜水位较浅岩土体中降水入渗补给规律,其运行过程[20,29]主要包括:静态期,土柱水位与马氏瓶的进气管口、量杯的溢流管口、玻璃平衡桶中的水位同处于一个水平位置;潜水蒸发期,柱内土壤水蒸散发导致潜水面下降,自动供水瓶向土柱补充水量,以保持潜水埋深不变,瓶内减少的水量即为潜水蒸散发量监测结果;降水入渗期,土壤水持续补给潜水,渗漏水通过平衡桶的溢流管流入接渗瓶,以保持潜水埋深不变,瓶内存储的水量即为降水入渗补给量监测结果。

花山水文实验流域气象场建设了两组蒸渗仪(QYZS-2017-1 悬挂式蒸渗仪系统)用于监控测量土壤水分蒸发及渗漏量。该仪器是由土箱、悬挂平台、位移传感器、拉力传感器、电动阀、数据采集管理器等配套软件组成,可实现实时在线测量记录保存土壤水分蒸发量及渗漏量等其他相关参数(图 3.1)。QYZS-2017-1 悬挂式蒸渗仪系统的测量原理是将土箱的微弱重量变化经悬挂系统放大为可以测量的位移量,将这段可以测量的位移量用高精度传感器转换为电流值,将电流值与当前时间记录保存下来。在正式使用蒸渗仪之前要对蒸渗仪进行标定,标定的过程为用高精度秤称取某个重量的重物,将其放置在

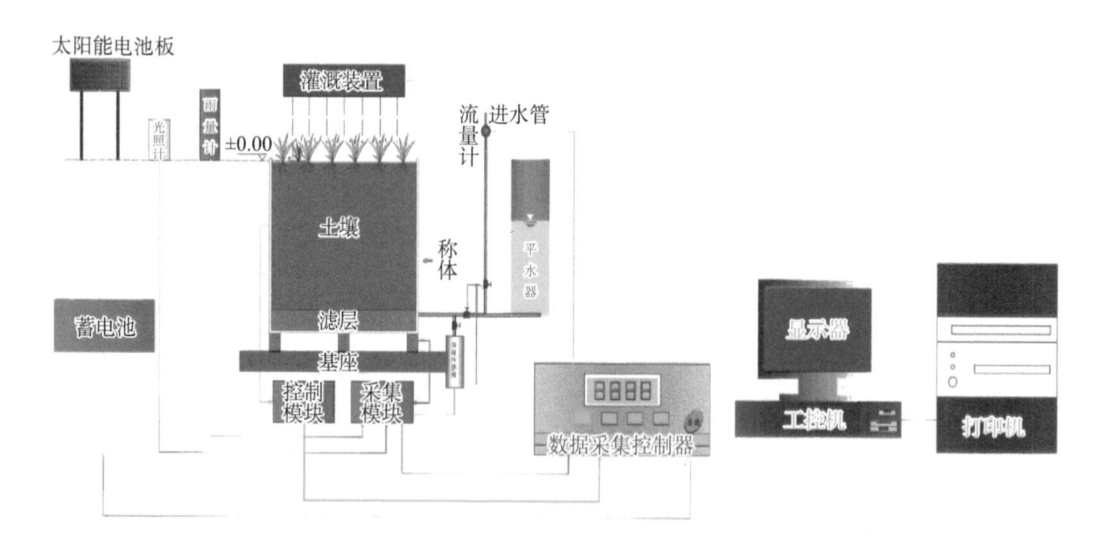

图 3.1 称重式蒸渗仪装置示意图

(来源:西安清远测控技术有限公司)

蒸渗仪土箱上，并记录当前时间，等待 10 min 左右，让蒸渗仪系统稳定下来并记录当前电流值大小。反复此过程多次，将增加重量的记录值 x 与电流值 y 描绘成散点图，拟合得到线性方程 $y=a\times x+b$，确定并记录线性方程系数 a 值和 b 值，将两者输入蒸渗仪数据分析管理软件即可直接生成蒸发量及渗漏量数据。

降水量可由雨量计直接测得，蒸渗仪出流量通过挂称测量得到。土壤储存水量的变化量代表降水后土壤水分的增加，或测量蒸腾、蒸发作用导致土壤水分的损失，这些较难测量，故制造高精度的称重系统来测量 ΔS。

$$\Delta S = P - Q - ET \tag{3-1}$$

$$ET = P - Q - \Delta S \tag{3-2}$$

式中，P 为降水量；Q 为渗漏量；ΔS 为土壤储存水量的变化值；ET 为蒸发作用导致的土壤水分损失量。

3.1.2 土壤含水率原位监测

(1) 监测装置

本节利用土壤多参数测量探头测定不同埋深地层土壤含水量、电导率和温度(图 3.2)。其基本原理是通过测定土壤的介电常数来确定土壤含水量，利用三叉状探针基部的热敏电阻测定土壤温度，利用两根探针表面中部的螺钉测量电导率。

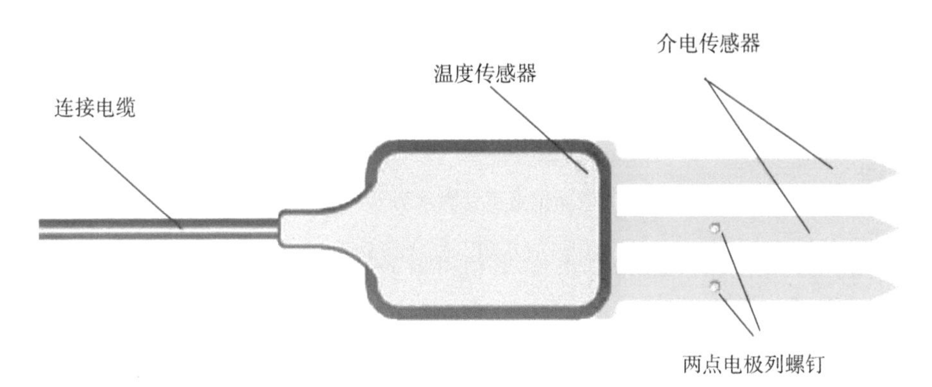

图 3.2 土壤多参数测量探头

(来源：Decagon 5TE 手册)

探头通过电磁场原理测定周围介质的介电常数。传感器通过提供 70 mHz 的振荡电磁波，根据介质的介电常数对传感器充电。储存的电量与土壤介电常数和体积含水量成正比。

探头采用安装在表面的热敏电阻测定温度。它位于叉状探针基部的黑色塑料外壳下面，靠近其中一个探针，测定该探针表面的温度，输出单位为℃。

电导率是用来表征物质对电流传导能力的指标，可以此推断液体中极性分子的含量。电导率的测定是通过对两个电极施加变换的电流，测定电极间的阻抗获得的。电导率等于阻抗的倒数乘以常数(电极间距离/电极面积)。

（2）分析方法

零通量面法是利用天然土体含水率和水势剖面资料，分析水势运动方向，找出零通量面位置，计算包气带入渗和蒸散发量。邱景唐[39]分析了非饱和土壤水零通量面的类型及其发生、迁移和消失的规律，提出了影响零通量面发生变化的主要因素，并利用实例计算出蒸散发和潜水入渗通量。计算过程如下：

当零通量面存在时，若 t_1 至 t_2 时段内，零通量面的位置不变，可测到 t_1 到 t_2 的土壤含水率剖面（图 3.3），若以 Q_s 表示地表处相应的水量，其值可由下式计算：

$$Q_s=\int_{Z_0}^{H}\theta(z,t_1)\mathrm{d}z-\int_{Z_0}^{H}\theta(z,t_2)\mathrm{d}z \tag{3-3}$$

式中，Z_0 为零通量面位置；H 为非饱和带厚度；数值上 Q_s 即为图 3.3 中 $abcd$ 范围内面积。

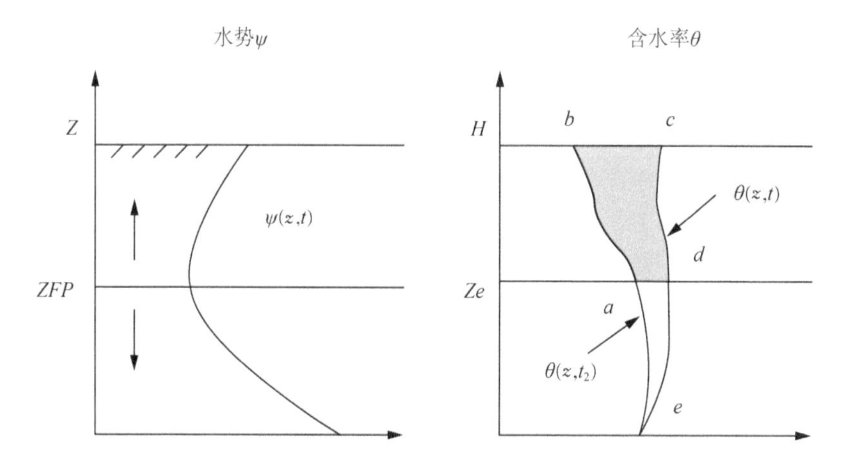

图 3.3　零通量面位置不变时水势 ψ 与含水率 θ 分布

若以 Q_g 表示潜水面处相应的水量，其值可由下式计算：

$$Q_g=\int_{0}^{Z_0}\theta(z,t_1)\mathrm{d}z-\int_{0}^{Z_0}\theta(z,t_2)\mathrm{d}z \tag{3-4}$$

数值上 Q_g 即为图 3.3 中 ade 范围内面积。

零通量面实际上随时间的变化而移动，当 Δt 较大时，应考虑其位置的变化，如图 3.4 所示。在时间 t_1 和 t_2 时，零通量面 ZFP_1 和 ZFP_2 的位置分别为 t_1 和 t_2，此时可写出 t_1 至 t_2 时段内地表和潜水面处的土壤水分通量 Q_s 和 Q_g 的表达式：

$$Q_s=\int_{Z_{01}}^{H}\theta(z,t_1)\mathrm{d}z-\int_{Z_{02}}^{H}\theta(z,t_2)\mathrm{d}z+\int_{Z_{02}}^{Z_{01}}\theta(z,t_{(Z_0)})\mathrm{d}z \tag{3-5}$$

$$Q_g=\int_{0}^{Z_0}\theta(z,t_1)\mathrm{d}z-\int_{0}^{Z_0}\theta(z,t_2)\mathrm{d}z+\int_{Z_{02}}^{Z_{01}}\theta(z,t_{(Z_0)})\mathrm{d}z \tag{3-6}$$

式中，$t_{(Z_0)}$ 表示零通量面位置为 Z_0 时的时间；在数值上，Q_s 即图中 $a'abcd$ 所示面积，Q_g 即图中 $a'dd'e$ 所示面积。在计算 $\int_{Z_{02}}^{Z_{01}}\theta(z,t_{(z_0)})\mathrm{d}z$ 时，采用 $\frac{\theta_1+\theta_2}{2}(z_{02}-z_{01})$ 式近似计算。

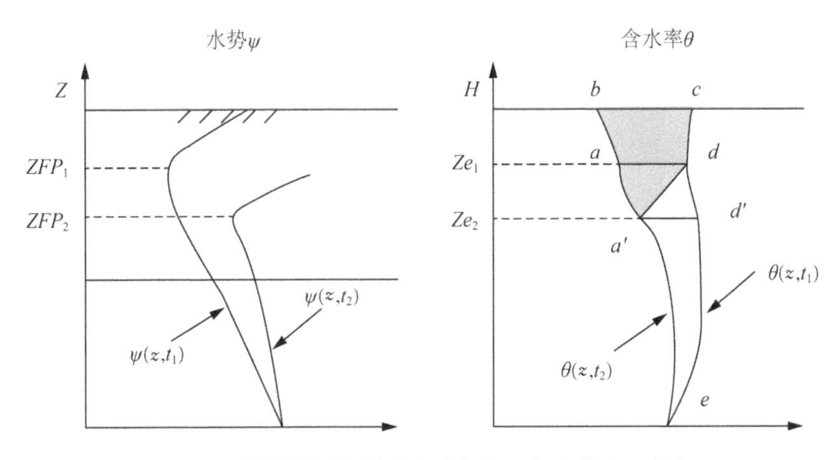

图3.4 零通量面位置移动时水势ψ与含水率θ分布

3.2 基于水量均衡原理的评价方法

常用的地下水资源评价的方法[76]有:(1)成因分析法。该方法包括区域性均衡法(以一定均衡区或均衡段作为一个整体进行分析的方法)、非稳定流计算法(解析法、数值计算法,一般常用有限差分法和有限单元法)。(2)统计分析法(相关分析法)。均衡法分为典型年均衡法、典型年调节储量法、允许开采模数法等,是应用最为广泛的地下水资源调查评价方法。区域水资源综合规划常利用均衡法分析区域地下水补给量、排泄量与地下水蓄变量之间的均衡关系。下文介绍均衡法基本概念和计算方法。

3.2.1 均衡法基本概念

(1) 区域地下水均衡方程式

考虑地下水库的多年调节作用,多年均衡法将均衡区作为整体进行水量均衡分析,单位面积内水量均衡方程式为

$$\mu \frac{\Delta H}{\Delta t}A = q_i - q_o + wA - vA \tag{3-7}$$

Δt 时段内水量均衡方程式为

$$\mu \Delta HA = Q_i - Q_o + wA - vA \tag{3-8}$$

单位面积水量均衡方程式为

$$\mu \Delta H = \frac{Q_i - Q_o}{A} + w - v \tag{3-9}$$

式中,ΔH 为 Δt 时段内均衡区地下水平均水位变幅;Δt 为计算时段;A 为均衡区面积;q_i 为均衡区的地下水流入量;q_o 为均衡区的地下水流出量;$Q_i = q_i\Delta t$ 为均衡区在时段 Δt

内的流入总量；$Q_o = q_o\Delta t$ 为均衡区在时段 Δt 内的流出总量；w 为均衡区内部补给（或消耗）强度；v 为均衡区平均地下水开采强度。

(2) 潜水含水层

对于潜水含水层，方程(3-7)可以写为

$$W = P_r + R_r + M_r + W_y - E \tag{3-10}$$

式中，E 为计算时段的潜水蒸发量；P_r 为计算时段 Δt 内的降水入渗补给量；R_r 为计算时段 Δt 内的河流对地下水的渗漏补给量；M_r 为计算时段 Δt 内灌溉入渗补给量；W_y 为计算时段 Δt 内的越流补给量；$W = w\Delta t$ 为均衡区在计算时段 Δt 内的补给（或消耗）量，即

$$W_y = \frac{K'}{m'}\Delta H'\Delta t \tag{3-11}$$

式中，K' 为弱透水层渗透系数；m' 为弱透水层厚度；$\Delta H'$ 为开采目的层水位与相邻含水层之间的水位差。

(3) 承压含水层

地下水补给量包括弱透水层在计算时段内的释水量，弱透水层释水往往还具有滞后效应[77]：

$$W = W_y + W_s \tag{3-12}$$

式中，W_s 为计算时段内弱透水层的释水量。

3.2.2 均衡法计算方法

(1) 均衡区及均衡段的划分

由于区域性均衡法是以某一特定的区域作为一个整体进行分析的，计算中采用的水文参数（降水补给和蒸发消耗等）、水文地质参数和时段末地下水水位须是区域平均值[76]。降水入渗补给调查评价区域面积较大时，可将计算区域按水文地质分区划分为若干个均衡区，在均衡区内根据条件的差异、计算要求等再分为若干均衡段；若调查评价区域面积较小时，或区域水文地质、补径排条件无显著差异，可将区域作为独立均衡区计算。

在划分均衡区、均衡段时，除了考虑地质和水文条件、地形和地貌条件，还需要满足区（或段）内水文参数和水文地质参数接近、区域边界补给和排泄条件清楚，并且适当考虑行政区划以及地下水开发利用状况、区域内地下水取水工程和开采强度分布尽量均匀。

(2) 均衡要素的确定

进行均衡计算之前，先确定各区（段）的均衡要素。补给量均衡要素包括降水入渗、河道渗漏、库塘渗漏、渠系渗漏、田间入渗、人工回灌、山前侧向补给；排泄量均衡要素包括潜水蒸发、河道排泄、侧向流出、地下水开采等。在有专门均衡试验场的地区，可以参照均衡场资料确定各均衡要素。

各项均衡要素可以通过以下途径获取。

①根据区域均衡确定均衡要素

在有监测资料期内可以选择均衡要素比较单一的时段，通过区域均衡计算确定均衡

要素。例如,可以利用降水期间的监测资料推求降水入渗补给量,利用灌溉时期的监测资料确定灌溉入渗补给量,利用无降水时段地下水动态和开采量资料确定潜水蒸发量等。

②根据地下水动态监测数据确定均衡要素

在有长期地下水动态监测井的地区,可以利用动态监测资料确定各均衡要素,在资料较多的情况下,还可以探讨各均衡要素与影响因素之间的关系,作为分析长系列中年补给量、消耗量的依据。

求得各项水文参数与影响因素的关系曲线之后,为了判别所确定的参数是否正确,可以选择有地下水动态、开采量数据的时段,根据降水、蒸发等数据推算各项均衡要素,进行均衡计算,并用实测地下水水位数据进行验证。

3.3　基于同位素检测的评价方法

3.3.1　稳定同位素分析

(1) 环境同位素介绍

同位素是原子核中的质子数相同但中子数不同的同一类原子。环境同位素则是指已经存在于自然环境和水环境中的同位素,包括天然产生的同位素和人为产生、已经存在于环境中的同位素[78]。可使用地下水中组成其水分子的同位素信息,以及溶解在地下水中气相、固相的同位素信息,对地下水组成、水和污染物来源、动力学特征、时空分布特征、循环演化过程以及地下水补给来源和变化等进行研究和识别。

同位素方法以大气降水输入为基础,降水中同位素的相互关系需要长期的资料积累以揭示地下水循环运动规律。水中常用的稳定同位素是^{2}H和^{18}O,由于轻同位素的相对丰度很高难以直接测定,故使用样品丰度比相对于标准物质丰度比之间的偏差δ来表示。不同元素的同位素采用不同的标准,标准都定义为‰,氢氧稳定同位素的标准物质是标准平均海水(SMOW)或维也纳标准平均海水(VSMOW)。例如,$\delta^{18}O$被定义为

$$\delta^{18}O=\frac{(^{18}O/^{16}O)_{样品}-(^{18}O/^{16}O)_{标准}}{(^{18}O/^{16}O)_{标准}}\times 100 \tag{3-13}$$

式中,δ为正值表示样品含有比标准多的重同位素,负值则表示样品含有比标准少的重同位素。在氢氧稳定同位素中,作为参考标准的海水在自然界一般可认为具有最富的重同位素,因此自然水样测得的氢氧同位素δ值通常为负数。

(2) 降水氢氧稳定同位素的线性关系

①全球大气降水线(GMWL)

在蒸发和凝聚过程中,存在于H_2O和HDO之间的蒸气压的变化与$H_2^{16}O$和$H_2^{18}O$之间的蒸气压的变化成比例,导致氢同位素的分馏与氧同位素的分馏成比例。因此,降水中^{2}H和^{18}O在统计学上存在密切和相容的关系,用线性方程表达如下:

$$\delta^{2}H=8\delta^{18}O+10 \tag{3-14}$$

基于方程绘制的直线通常被称作全球大气降水线(GMWL)。

②中国降水线(CMWL)

根据多年均值，中国降水线为

$$\delta^2 H = 7.7\delta^{18}O + 7.0 \tag{3-15}$$

在相对湿度大于70%、干燥度小于1.0的中国东南部，降水线为

$$\delta^2 H = 7.5\delta^{18}O + 5.4 \tag{3-16}$$

在相对湿度介于50%～70%、干燥度介于1.0～2.0之间的中国中部，降水线为

$$\delta^2 H = 8.0\delta^{18}O + 9.2 \tag{3-17}$$

在雅鲁藏布江流域[79]，降水线为

$$\delta^2 H = 7.54\delta^{18}O + 15.92 \tag{3-18}$$

中国降水线表现为强烈蒸发特征：$\delta^2 H$和$\delta^{18}O$东部高、西部低，氚值东部低、西部高，与孟加拉湾水汽和运移路径及沿途地形和气候演变有关。

(3) 径流和地下水氢氧同位素的分异

降水到达流域地表后，以各不同的产流机制在地表形成径流、下渗非饱和带，补给地下水，产生不同类型的地下水径流，形成各种径流组分[78]。降水氢氧同位素组成随之发生演化，从而形成不同径流组分所特有的同位素组成，实际上这些径流组分特别是非本次降水组分，连同其产流机制，也正是通过氢氧同位素组成的分异而得到识别的。

地下水是水文循环和地下水循环在时空上演化形成的混合水，解析浅层水补给、径流，不仅需要考虑上部降水入渗补给，还需要注意深层地下水的越流补给。地下水氢氧稳定同位素($\delta^2 H$和$\delta^{18}O$)的基本关系，可反映地下水来源、补给、含水层及水体之间的相互关系和年龄信息。

(4) 地下水更新能力的影响因素

从地下水补给角度看，影响地下水可更新能力的主要因素为地下水系统所接受的补给量的大小，它包含了补给水源富水程度、含水层埋藏条件、包气带入渗条件等因素对地下水可更新能力的影响。从地下水径流角度看，影响地下水可更新能力的主要因素包括含水层的性质和地下水的循环模式(包括循环深度与路径)，特别是循环速率。

(5) 地下水补给比例定量评价方法

地下水是混合水，调查评价不同水源的混合比例，除了可以利用氢氧同位素等稳定同位素示踪溶剂，还可以结合不同水源中溶质差异示踪地下水的补给来源。硅是地壳中广泛分布的元素，硅酸是天然水的固定组分，有多种硅酸$xSiO_2 \cdot yH_2O$。不同水源因其形成过程和演化历史不同，导致所含硅酸类型和量级存在差异。相反，硅在降水中含量很低，地表中硅元素随着降水入渗发生变异，硅与组成水分子的氧同位素组合，就能够对不同水源进行示踪。

地下水补给源识别，实际是水源混合的反问题，即从地下水混合系统中识别诸端元(如降水、河水、地下水等称为端元要素)，然后利用下式[74]分析计算：

$$\alpha_A=\frac{(Y_B-Y_C)(X_i-X_C)-(X_B-X_C)(Y_i-Y_C)}{(Y_B-Y_C)(X_A-X_C)-(X_B-X_C)(Y_A-Y_C)}$$

$$\alpha_B=\frac{(Y_A-Y_C)(X_i-X_C)-(X_A-X_C)(Y_i-Y_C)}{(Y_A-Y_C)(X_B-X_C)-(X_A-X_C)(Y_B-Y_C)} \tag{3-19}$$

$$\alpha_C=1-\alpha_A-\alpha_B$$

式中,A、B、C 表示水样 i 的 3 个端元;α_A、α_B、α_C 分别指水样 i 的 3 个水源所占的比例;X 和 Y 为同位素或化学指标量。

本书在端元分析中的变量 X 和 Y 为 δ^2H 和 Si。将降水或附近区域由降水形成的浅层地下水侧向补给本地地下水均归为降水补给,得出 3 个端元水源 A、B、C。其中,A 为降水直接补给本地地下水,B 为地表水补给本地地下水,C 为侧向补给地下水。利用式(3-19)求解每一个分析点位地下水的 A、B、C 3 个端元的水源组成。

3.3.2 放射性同位素分析

(1) 地下水中氚的分析原理

生态环境部发布行业标准《水中氚的分析方法》(HJ 1126—2020)[80],水中氚的分析原理:水样中加入高锰酸钾,进行常压蒸馏后,馏出液与闪烁液按一定比例混合,待测试样中氚发射的 β 射线能量被闪烁液中的溶剂吸收并传递给闪烁体分子,闪烁体分子退激发射的可见光光子被液体闪烁计数器内的光电倍增管探测,从而测得样品中氚的计数率,经本底、探测效率校正后,得出水样中氚的活度浓度。

(2) 地下水年龄及更新率计算

①定性评价

降水中氚浓度在天然情况下为 10TU,氚的半衰期约为 12.32 年。若降水时间在 1953 年以前,由此时降水入渗所形成的地下水,到本次研究采样时间,可根据半衰期推断出氚的浓度。Ian 与 Peter 对其进行了不同阶段的大致划分[81]:

小于 0.7 TU 为 1953 年之前降水补给;

0.7~4 TU 为 1953 年之前所补给的降水与现代降水的混合;

5~15 TU 为现代降水(小于 5~10 年);

15~30 TU 为小部分水是 20 世纪 60—70 年代降水补给;

大于 30 TU 为相当一部分水是 20 世纪 60—70 年代降水补给;

大于 50 TU 为 20 世纪 60—70 年代降水主要补给。

根据我国现有雨水氚分布情况(我国实验室氚分析精度约为±1TU),顾慰祖等[78]针对 2010 年前后实测地下水氚数据做如下定性年龄判断:

小于 1 TU 即为老水(1953 年前补给);

1~3 TU 为老水中有新水(0~10 年)混入;

3~10 TU 为新水(0~10 年内补给);

10~20 TU 为仍残留一些核爆 ^3H;

大于 20 TU 以 20 世纪 60 年代补给为主。

②定量评价

定量调查评价地下水氚年龄的方法主要为同位素数学物理模型法。在用同位素数学物理模型计算地下水年龄时，假设地下水系统中氚同位素的传输关系符合线性规则，将地下水系统概化为一个点参数表示的不随时间变化的线性集中参数系统，在稳定流条件下，地下水系统中氚同位素输入和输出的关系可用下列卷积公式[82]描述：

$$C_{\text{out}}(t)=\int_0^{\infty}C_{\text{in}}(t-\tau)\mathrm{e}^{-\lambda\tau}\cdot g(\tau)\mathrm{d}\tau \tag{3-20}$$

式中，$C_{\text{out}}(t)$为地下水系统的氚输出函数；t 为氚的输出时间及采样时间；τ 为氚的传输时间，即地下水的年龄；$C_{\text{in}}(t-\tau)$为地下水系统的氚输入函数，即 $t-\tau$ 时刻补给水的氚浓度；$\mathrm{e}^{-\lambda\tau}$ 为同位素衰变因子，λ 为 0.055 764；$g(\tau)$为氚在地下水系统内年龄的分配函数，不同的地下水水流混合形式具有不同的年龄分配函数。氚同位素数学物理模型所需要的主要参数为地下水系统的氚输入函数和年龄分配函数。

假设地下水各流线到达取样井的时间分布呈指数分布，即最短的流线对应的运动时间为零，最长的流线对应的运动时间为无限大。假设取样时井内地下水处于完全混合状态，可利用氚的完全混合模型计算地下水平均更新速率。地下水中的氚含量通过放射性衰变和年输入变化来计算[83-84]，公式为

$$A_{gi}=(1-R_i)A_{gi-1}\mathrm{e}^{-\lambda}+R_iA_{0i} \tag{3-21}$$

式中，R_i 为第 i 年地下水更新速率(%/a)；A_{gi} 为第 i 年地下水中氚含量；A_{0i} 为第 i 年降水输入的氚含量；i 为时间(a)。

3.4 基于数值模拟模型的评价方法

在地下水资源评价中，传统的多年均衡法是一种集中参数模型的计算方法，将整个研究区域视为一个整体，使用统一的参数来代表区域内的水文和水文地质条件，如降水入渗补给、蒸发消耗、灌溉入渗等。这种方法的优点是计算简便，能够反映整个区域的平均情况，但也存在明显的不足。首先，集中参数模型无法有效刻画区域内水文地质条件的异质性。当含水层在空间上的分布差异较大，或当研究区域靠近补给或排泄边界时，地下水的侧向流动对研究区水量平衡具有重要影响。而集中参数模型无法捕捉这些局部特征和动态变化，导致评价结果不能准确反映实际情况。传统均衡法无法反映这些局部变化，也难以预测边界补给随开采变化的规律，因此在地下水资源开发和管理规划中，其结果的适用性和准确性受到限制[85]。

为解决上述问题，可以采用基于分布参数模型的非稳定流计算方法。该方法考虑了地下水系统的复杂性，能够捕捉区域内的空间异质性和动态变化，适用于含水层特征复杂、补给与开采条件不均匀的地区。分布参数模型需要将计算区域划分为多个小的单元区域(通过有限单元或有限差分方法)，在每个小区域内设置相应的参数，从而更准确地反映局部水文地质条件、补给和开采的变化。通过建立和求解这些小区域内的方程，数值模拟能够实现对整个区域的定量分析。数值模拟方法的优势在于其强大的空间和时间分辨

能力。首先，分布参数模型能够捕捉到局部区域的水文地质特征变化，能够模拟出地下水在不同部位的动态变化。例如，区域内不同位置的补给、开采、侧向流动和水位变化都能通过数值模拟加以量化和预测。其次，这种方法能够处理非稳定流，即可以模拟地下水系统在时间上的动态变化，不仅能反映当前的地下水状态，还能预测未来不同开采情景下的地下水水位、水量、水质变化趋势。通过这种精细化的模拟，能够更好地满足地下水开发利用规划和管理工作的需求，使得地下水资源评价结果更加可靠和可操作[86]。因此，数值模拟方法在地下水资源评价中扮演着不可或缺的角色。

3.4.1　地下水开发利用方案

地下水开发利用方案的拟定是数值模拟模型进行地下水资源评价的首要步骤，其核心在于科学合理地规划地下水开采布局，以确保资源的可持续利用。制定地下水开发利用方案之前，需要对区域地下水系统进行全面的现状评估，分析地下水的储量、补给来源和开采量等信息。通过对水文地质条件的详细调查和历史监测数据的分析，可以准确把握地下水系统的动态特征和资源潜力。现状评估可为后续数值模拟模型的构建提供基础数据和关键参数。

地下水开发利用方案的制定需要充分考虑区域内地下水现状、环境和生态保护要求以及区域内未来的用水需求，合理设置地下水的开发强度，优化地下水开采的时空分布，避免局部过度开采造成的地下水水位下降和地质环境问题。例如，在农业灌溉季节，可以适当增加井群的抽取量，而在非灌溉季节则降低抽取强度，促进地下水恢复。同时，需综合考虑区域内不同用水户的需求，确保各类用水需求的平衡和协调。此外，在制定方案时，需要设计有效的地下水回补措施。数值模拟模型可以帮助评估不同的回补策略，如评估自然补给（降水入渗、河流渗漏等）与人工补给（渗井、渗坑、回灌井等）相结合的效果，从而提高地下水资源的回补效率。通过模拟不同的开采和回补情景，可以预测在不同环境条件下地下水系统的变化，为制定合理的地下水管理与保护方案提供科学依据[65,87]。

3.4.2　模型参数识别与校验

模型参数的识别与校验是数值模拟模型在地下水资源评价中的关键环节。精细的模型构建和精确的参数设置是确保模拟结果可靠性和准确性的基础。在这一过程中，需要结合区域的水文地质条件、补给与开采情况，选择合适的模型类型，并通过现场监测数据和历史资料进行参数的识别与校验[88]。

(1) 模型的选择与构建

在地下水数值模拟中，模型的选择应根据研究区域的地质、水文地质条件和实际需求进行。常见的地下水数值模型包括 MODFLOW、HYDRUS、FEFLOW 等，它们可以应用于不同类型的地下水流动模拟，如稳态流动、非稳态流动、多层含水层系统等。例如，对于一个大型平原区的地下水系统，可能需要选择能够处理非均质、多层含水层结构的模型，以更好地反映地下水流动的复杂性。

在模型构建中，首先需要明确模拟的空间范围，即模型的边界条件。边界条件限定了地下水的流入和流出位置，如补给区、排泄区和侧向边界等。此外，模型还需要选择合适的空间剖分精度，即将研究区域划分成若干个计算单元(网格)，每个单元代表特定的空间区域。精细的网格划分可以提高模型的计算结果精度，但同时也会增加计算量，因此需根据研究需求找到一个平衡点。

(2) 模型参数识别

模型参数的准确识别是数值模拟的核心环节，包括水文地质参数和补给、开采等动态系数。主要的水文地质参数有含水层的渗透系数、贮水率、给水度等，它们直接影响地下水流动的速度和储存能力。动态系数(如降水入渗补给系数、灌溉回归系数、地下水开采系数等)则决定了模型中地下水系统的输入输出项。

在参数的识别过程中，需要综合利用各种数据来源，包括地质勘查报告、长期水文监测数据、现场试验(如抽水试验、示踪试验)、遥感数据等。基于这些多样化的数据，可以建立一个全面的地下水模型数据库，为模型的参数化提供基础。例如，渗透系数和给水度可以通过现场试验直接测定，而降水入渗补给系数则可以基于本书提出的多种方法进行调查评价。

(3) 模型校准与验证

模型初步构建完成后，需要通过校准过程来调整参数，使得模型的模拟结果与实际观测数据相符。校准过程通常是一个反复迭代的过程，通过调整模型参数(如渗透系数、给水度等)，使得模拟的地下水水位、开采量等与实际监测值尽可能一致。

在模型校准之后，还需要进行验证，即在不改变模型参数的情况下，使用独立序列的数据集来检验模型的可靠性。如果验证结果表明模型在不同的时间或区域仍然具有较高的精度，则说明模型参数的设置是合理的，模型能够用于更大范围的地下水资源评价。通过精细的模型构建、准确的参数设置和全面的校准与验证，可以提高模拟结果的可靠性和精确性。科学合理的模型参数识别与校验不仅有助于现状评价，也为地下水资源管理和开发决策提供了可靠的技术手段[89]。

3.4.3 地下水资源评价

利用数值模型进行地下水资源评价是将前期的模型构建、参数识别与校验成果应用于实际问题的关键步骤。这一过程通过模拟地下水系统在不同开发、补给和环境条件下的动态响应，有助于科学地评估地下水资源的现状与潜力，为管理和开发提供依据。数值模型的优势在于能够进行情景模拟，即在不同的气候变化、开发利用、回补保护条件下，预测地下水系统的响应，分析不同情景下地下水资源利用的可持续性。例如，在干旱条件下，模拟地下水水位的下降速度，预测高强度开采是否会引起严重的水位下降或含水层枯竭，帮助提前制定干旱期的应急供水预案。通过多种情景分析，可以模拟分析区域地下水资源的开发上限，优化开发与管理策略，从而实现地下水资源的可持续利用。

数值模型模拟与预测结果通常以地下水水位等变量的空间分布图、随时间变化序列等形式展现。通过对这些结果的分析，可以全面了解地下水系统的动态特征，如补给和排泄的时空分布、地下水水位变化趋势、开采活动对地下水系统的影响等。此外，还可以通过结果分析判断含水层系统在不同时间和空间上的补给和排泄状况。比如，通过模型可以分析区域内不同部位的地下水水位变化，识别可能出现的超采区或水位降落漏斗区，从而采取有效的补救措施。

数值模拟模型的评价成果可以直接应用于地下水资源的管理和决策。模拟结果不仅可以帮助确定合理的地下水开采量、优化井群布局，还可以用于设计合理的水资源配置措施，最大限度地提高地下水资源的利用效率。同时，数值模拟模型的评价结果还可以帮助决策者制定长效的地下水保护利用规划，如地下水禁限采区划定、地下水储备区布局、地下水人工回补方案制定等[90]。

3.5 本章小结

本章主要梳理总结了降水入渗补给量评价技术方法，主要包括基于土壤水监测的评价方法、基于水均衡原理的评价方法、基于同位素检测的评价方法和基于数值模拟模型的评价方法。

土壤水监测评价方法中主要包含称重式蒸渗仪监测技术和土壤多参数（含水率、温度、电导率）原位监测技术。本章主要介绍了称重式蒸渗仪技术装置的组成、花山水文实验流域称重式蒸渗仪监测要素、蒸发量和降水入渗补给量确定原理等，以及土壤水原位监测装置、根据土壤含水率确定降水入渗补给量的计算方法等。

水量均衡方法是确定降水入渗补给量最为常用和传统的方法，在以往水资源调查评价中应用广泛，本章主要介绍了该方法的计算原理、计算方法。

同位素检测评价方法主要包含稳定同位素分析技术和放射性同位素分析技术。本章主要介绍了降水氢氧稳定同位素的线性关系（全球大气降水线、中国不同区域降水线）、径流和地下水中氢氧同位素的分异，以及地下水更新能力影响因素和降水补给地下水比例定量评价方法（端元法）；介绍了利用放射性同位素（氚同位素）定性分析地下水年龄、定量分析地下水年龄及更新率方法。

基于数值模拟模型的评价方法主要包括分析数值模拟模型在评价地下水资源和地下水可开采量中的作用，介绍了构建数值模拟模型需要的基本资料、数值模拟模型的参数识别与校验以及在水资源开发利用规划方案、数值模型和参数确定之后进行地下水资源评价的全过程。

第4章

典型实验流域降水入渗补给量评价

本章选择花山水文实验流域和淮河子流域涡河流域作为典型实验流域，利用前述不同降水入渗补给量调查评价方法确定花山水文实验流域浅层地下水的降水入渗补给量和涡河流域深层地下水的降水入渗补给量。

4.1 基于土壤水监测估算降水入渗补给量

4.1.1 称重式蒸渗仪监测分析

(1) 降水量与渗漏量关系分析

花山水文实验流域气象场1号称重式蒸渗仪中土体为非原状土,2号称重式蒸渗仪中土体为原状土。蒸渗仪中被测土体上表面积2.25 m^2(1.5 m×1.5 m),深1.5 m;量程:0~0.8 t(水分变化);对应灵敏度、蒸发量变化灵敏度:≤15 g;渗漏量灵敏度:≤10 g(图4.1)。

图4.1 花山水文实验流域气象场称重式蒸渗仪实物图

花山水文实验流域气象场两组蒸渗仪监测数据与2018年降水过程见图4.2和图4.3。根据花山水文实验流域气象场降水量监测结果,蒸渗仪所处位置2018年全年降水量为1 335.5 mm,属于丰水年份,单日降水量超过100 mm的有2次,分别为2018年5月6日(136.6 mm)和2018年8月17日(110.4 mm)。随着降水量持续增加,蒸渗仪中土柱蒸发

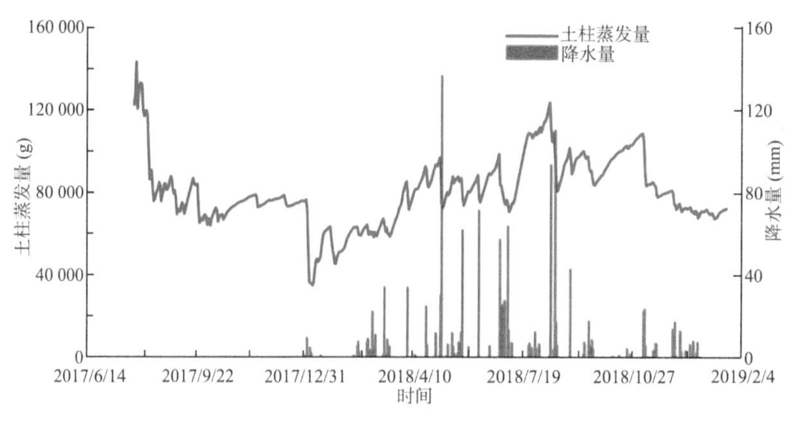

(a) 土柱蒸发量

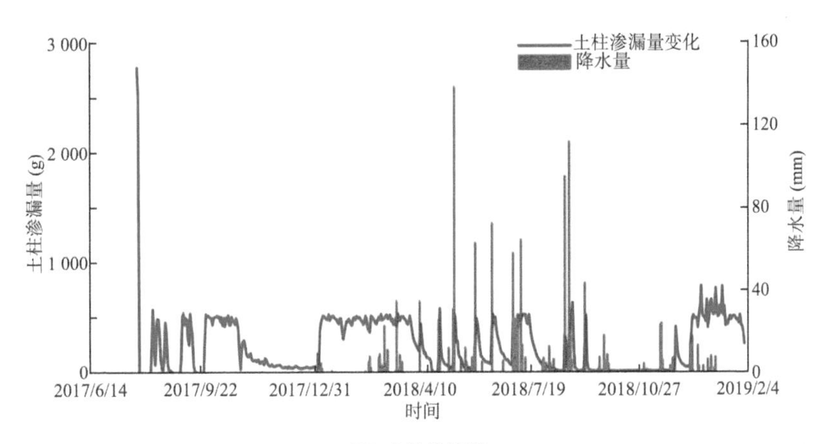

（b）土体渗漏量

图 4.2　花山水文实验流域气象场 1 号蒸渗仪监测数据

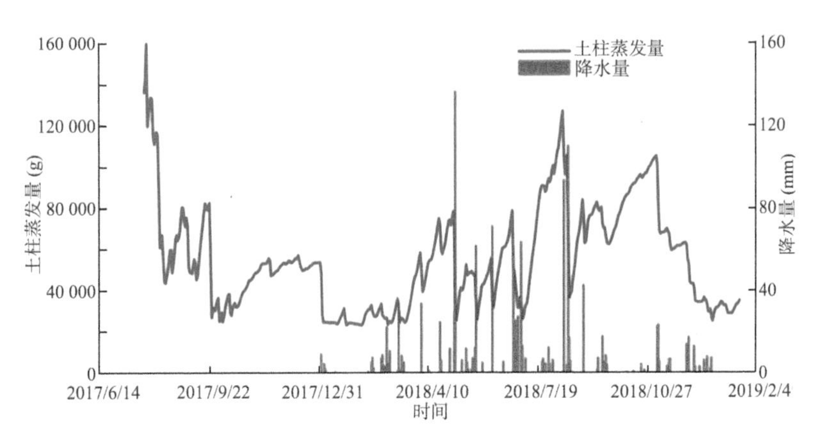

（a）土柱蒸发量

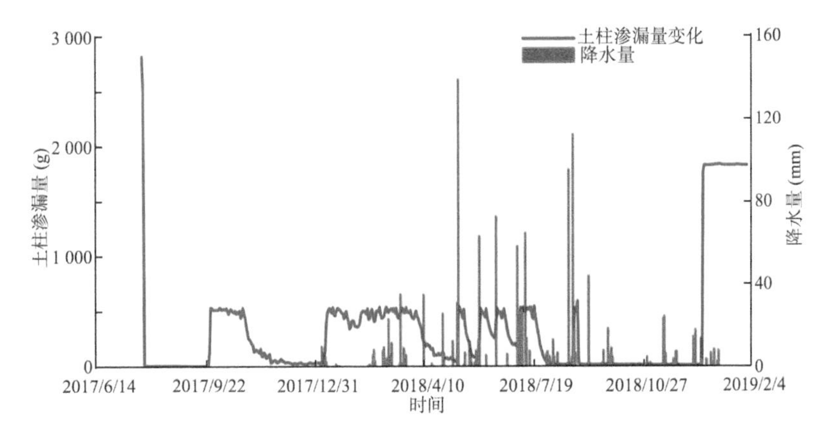

（b）土体渗漏量

图 4.3　花山水文实验流域气象场 2 号蒸渗仪监测数据

量减少，渗漏量对降水增加的响应非常迅速。比如，2018 年 5 月 6 日降水 136.6 mm，相比于前一天 1 号蒸渗仪土柱蒸发量减少约 20 075 g、渗漏量增加约 461 g，2 号蒸渗仪土柱蒸发量减少约 44 570 g、渗漏量增加约 408 g；2018 年 8 月 17 日降水 110.4 mm，相比于前一天 1 号蒸渗仪土柱蒸发量减少约 15 367 g、渗漏量增加约 240 g，2 号蒸渗仪土柱蒸发量减少约 35 048 g、渗漏量增加约 91 g。

（2）降水入渗补给量及补给系数计算

本节根据花山水文实验流域气象场 1 号蒸渗仪的渗漏量监测数据计算了 2018 年全年降水入渗补给量，见图 4.4。选择单次降水量大于 20 mm 的降水场次，计算了次降水入渗补给量和补给系数，计算结果见表 4-1。1 号蒸渗仪土柱的回填土为非原状土，土柱中也没有利用定水头装置设置固定的地下水水位，故将渗漏量全部作为降水入渗补给量，可能会对降水入渗补给量和补给系数的计算造成误差。根据 1 号蒸渗仪的监测结果，2018 年全年降水入渗补给量为 89.78 mm，年降水入渗补给系数约为 0.07。

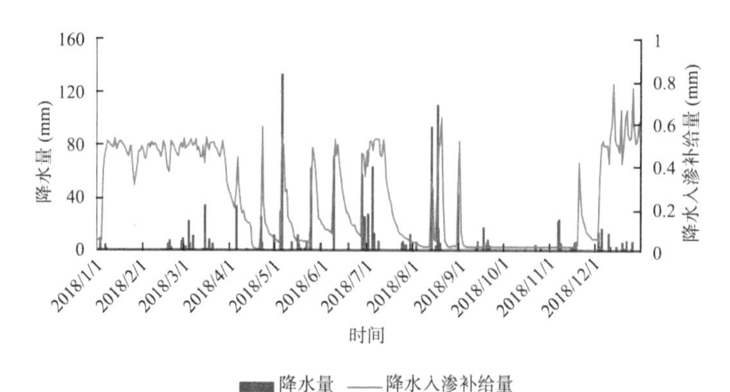

图 4.4　气象场 1 号蒸渗仪降水入渗补给历时曲线(2018 年)

表 4-1　气象场 1 号蒸渗仪次降水入渗补给量及次降水入渗补给系数

序号	次降水量(mm)	次降水入渗补给量(mm)	次降水入渗补给系数
1	18.6	2.52	0.14
2	62.6	5.59	0.09
3	53.2	3.96	0.07
4	34.2	0.72	0.02
5	32.2	1.09	0.03
6	167.1	1.40	0.01
7	84.6	0.98	0.01
8	71.5	0.92	0.01
9	111.2	2.67	0.02
10	77.5	1.53	0.02
11	94.8	0.65	0.01
12	132.1	2.00	0.02

续表

序号	次降水量(mm)	次降水入渗补给量(mm)	次降水入渗补给系数
13	43.4	0.88	0.02
14	53.2	0.09	0.002
15	36.6	1.93	0.05
16	16.9	1.55	0.09
17	27.9	5.22	0.19

同样，本节根据花山水文实验流域气象场2号蒸渗仪的渗漏量监测数据计算了2018年全年降水入渗补给量，见图4.5。选择单次降水量大于20 mm的降水场次，计算了次降水入渗补给量和补给系数，计算结果见表4-2。2号蒸渗仪土柱的回填土为原状土，土柱中也没有利用定水头装置设置固定的地下水水位，故将渗漏量全部作为降水入渗补给量，可能会对降水入渗补给量和补给系数的计算造成误差。根据2号蒸渗仪的监测结果，2018年全年降水入渗补给量为113.14 mm，年降水入渗补给系数约为0.08。

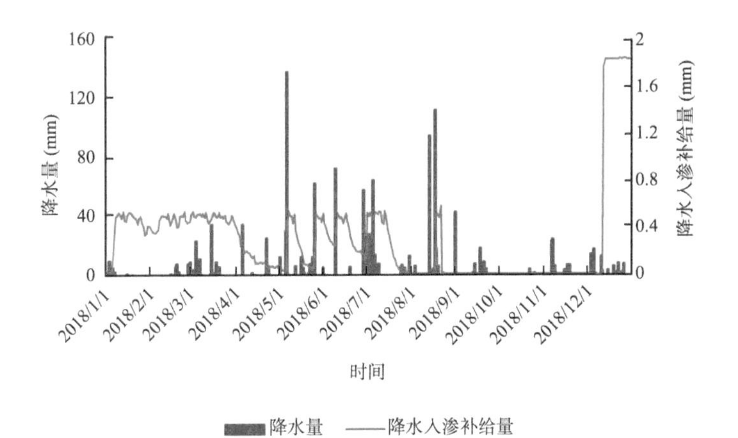

图4.5 气象场2号蒸渗仪降水入渗补给历时曲线(2018年)

表4-2 气象场2号蒸渗仪次降水入渗补给量及次降水入渗补给系数

序号	次降水量(mm)	次降水入渗补给量(mm)	次降水入渗补给系数
1	18.6	1.73	0.09
2	62.6	5.53	0.09
3	53.2	4.00	0.08
4	34.2	0.42	0.01
5	32.2	0.47	0.01
6	167.1	1.55	0.01
7	84.6	1.08	0.01

续表

序号	次降水量(mm)	次降水入渗补给量(mm)	次降水入渗补给系数
8	71.5	0.91	0.01
9	111.2	2.13	0.02
10	77.5	1.55	0.02
11	94.8	0.06	0.00
12	132.1	1.66	0.01
13	43.4	0.06	0.001
14	53.2	0.07	0.001
15	36.6	0.08	0.002
16	16.9	1.83	0.11
17	27.9	16.39	0.59

4.1.2 土壤含水率分析

花山水文实验流域土壤含水率、电导率和温度原位监测剖面不同埋深土壤都进行了取样，实验室对土样进行了土工试验，主要分析了土样的含水率、土粒比重、湿密度、干密度、饱和度、孔隙比、界限粒径、界限系数和渗透系数，并进行了颗分试验，试验结果见图 4.6 和表 4-3。土样的孔隙度范围为 0.41～0.47，符合黏土孔隙度特征。

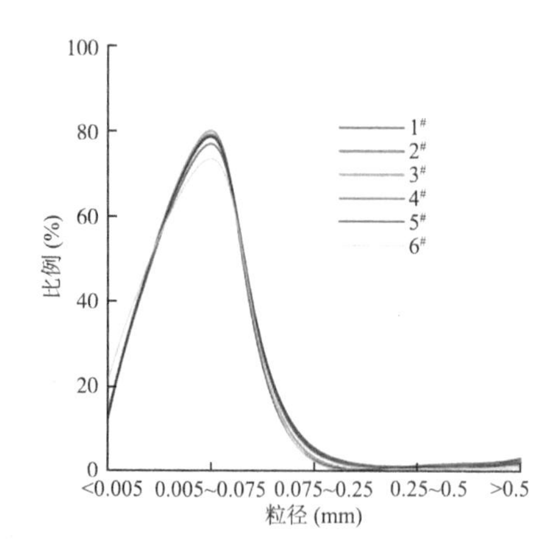

图 4.6 花山水文实验流域气象场不同埋深土壤颗分试验结果

表 4-3 花山水文实验流域气象场土壤主要物理性质

编号	1#	2#	3#	4#	5#	6#
埋深(cm)	5	10	20	40	80	120
含水率(%)	18.8	20.6	20.8	22.7	20.9	24.1

续表

编号	1#	2#	3#	4#	5#	6#
土粒比重	2.64	2.65	2.65	2.66	2.66	2.68
湿密度(g/cm^3)	1.66	1.83	1.8	1.76	1.91	1.92
干密度(g/cm^3)	1.4	1.52	1.49	1.43	1.58	1.55
饱和度(%)	55.8	73.1	70.8	70.7	81.3	88.2
孔隙比	0.889	0.746	0.778	0.854	0.684	0.732
渗透系数(cm/s)	6.58E-5	1.13E-4	3.55E-5	7.59E-5	6.57E-5	6.5E-6

根据花山水文实验流域气象场降水量监测数据，2019 年 11 月 24 日—11 月 30 日累计降水量为 34.7 mm(其中 11 月 27 日降水量为 21.2 mm)，2019 年 12 月 22 日—12 月 28 日累计降水量为 14.8 mm(其中 12 月 25 日降水量为 8.4 mm)。降水过程中不同埋深土壤含水率变化监测结果见图 4.7。

根据图 4.7 土壤含水率剖面确定了 2019 年 11 月 26 日—28 日花山水文实验流域气象场降水入渗补给量为 1.28 mm，计算降水入渗补给系数为 0.05；2019 年 12 月 24 日—26 日花山水文实验流域气象场降水入渗补给量为 0.52 mm，计算降水入渗补给系数为 0.04。埋深 20 cm 处近似作为土壤零通量面位置。

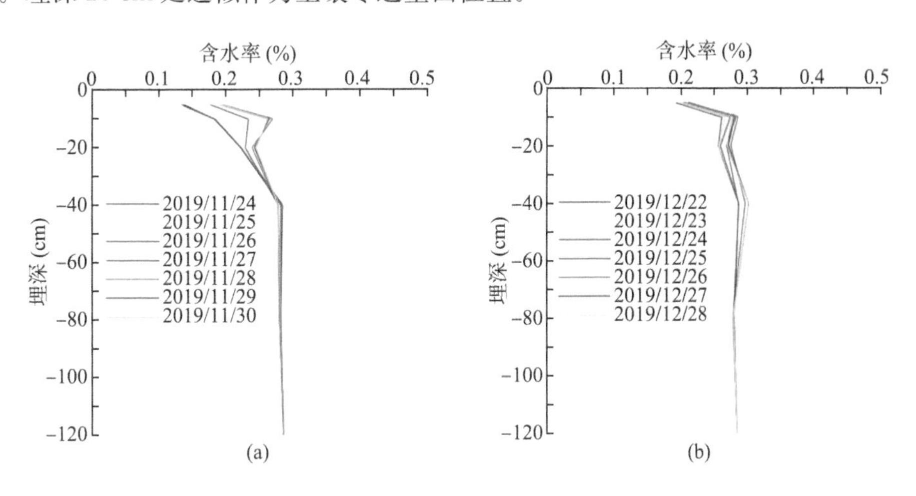

图 4.7 2019 年两次降水花山水文实验流域气象场土壤含水率监测结果

根据花山水文实验流域气象场降水量监测数据，2020 年 3 月 24 日—3 月 30 日累计降水量为 80.7 mm(其中 3 月 26 日降水量为 58.8 mm)，2020 年 5 月 12 日—5 月 17 日累计降水量为 55.0 mm(其中 5 月 14 日降水量为 54.9 mm)，2020 年 7 月 15 日—7 月 20 日累计降水量为 272.2 mm(其中 7 月 17 日降水量为 81.9 mm)。降水过程中不同埋深土壤含水率变化监测结果见图 4.8。

根据图 4.8 土壤含水率剖面确定了 2020 年 3 月 25 日—28 日花山水文实验流域气象场降水入渗补给量为 18.94 mm，计算降水入渗补给系数为 0.23，埋深 40 cm 处近似作为土壤零通量面位置；2020 年 5 月 13 日—15 日花山水文实验流域气象场降水入渗补给量为 12.65 mm，计算降水入渗补给系数为 0.23，埋深 80 cm 处近似作为土壤零通量面位置；2020 年 7 月 16 日—18 日花山水文实验流域气象场降水入渗补给量为 4.72 mm，计算降水入渗补给系数为 0.03，埋深 20 cm 处近似作为土壤零通量面位置。

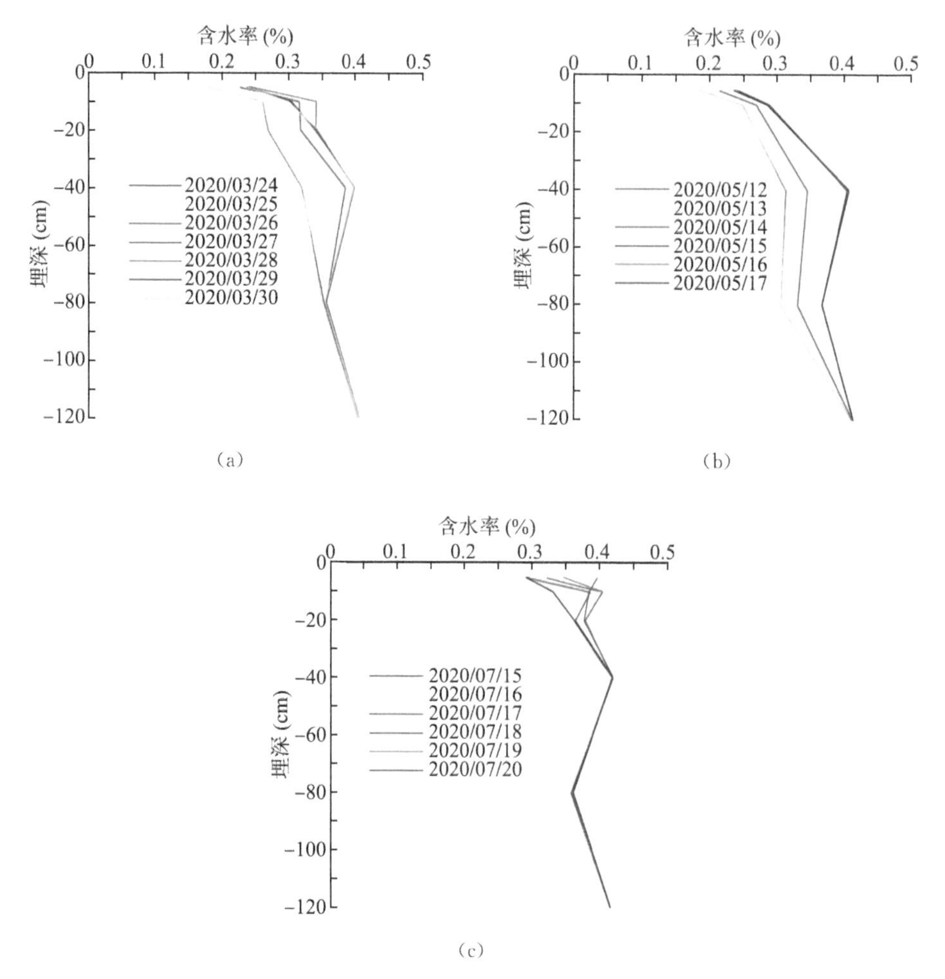

图 4.8　2020 年 3 次降水花山水文实验流域气象场土壤含水率监测结果

4.2　基于水量平衡估算降水入渗补给量

以水均衡法计算花山水文实验流域的降水入渗补给量，需要先确定研究区的补给项和排泄项。流域内地下水主要的补给项有降水入渗补给量、河流渗漏对地下水的补给量；主要的排泄项有潜水蒸发和地下水向河流的排泄量。本节根据降水、地下水、地表水等实测资料，以每月为均衡期进行花山水文实验流域第四系覆盖区的水均衡计算。水均衡计算区见图 4.9。

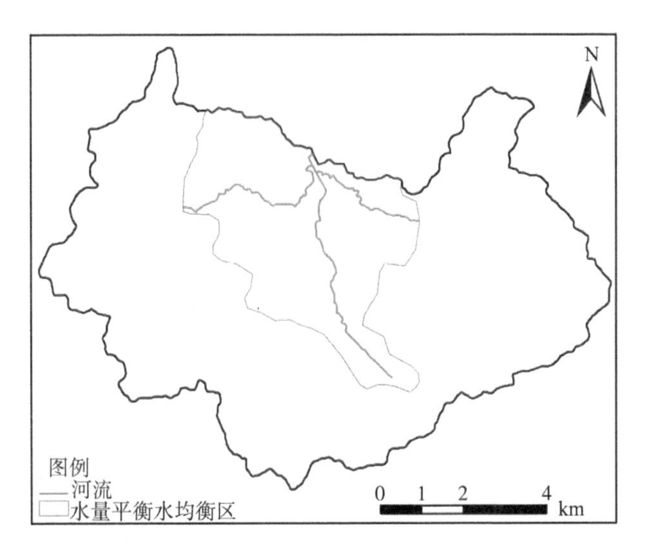

图 4.9　花山水文实验流域水均衡计算区(涉及东源、中源、西源部分区域)

4.2.1　潜水蒸发量

根据地下水水位监测数据,花山水文实验流域平均地下水埋深在 2～3 m,蒸发系数取 0.1,花山水文实验流域第四系覆盖区均衡区计算面积为 20.4 km^2,本节计算了均衡区每月的潜水蒸发量,利用蒸发皿实测的水面蒸发和潜水蒸发量计算结果见表 4-4。

2018 年全年均衡区潜水蒸发量约为 243.69 万 m^3,2019 年全年均衡区潜水蒸发量约为 250.26 万 m^3。

表 4-4　花山水文实验流域潜水蒸发量实测和计算值

日 期	实测水面蒸发(m)	潜水蒸发量(m^3)
2018 年 1 月	0.040 9	83 573.68
2018 年 2 月	0.058 0	118 486.27
2018 年 3 月	0.132 0	269 719.69
2018 年 4 月	0.085 1	173 888.81
2018 年 5 月	0.123 7	252 763.90
2018 年 6 月	0.089 1	181 937.71
2018 年 7 月	0.117 1	239 260.55
2018 年 8 月	0.116 9	238 749.83
2018 年 9 月	0.110 0	224 654.05
2018 年 10 月	0.090 7	185 267.58
2018 年 11 月	0.115 5	235 848.96

续表

日 期	实测水面蒸发(m)	潜水蒸发量(m^3)
2018 年 12 月	0.113 9	232 723.37
2019 年 1 月	0.088 6	181 079.70
2019 年 2 月	0.110 4	225 430.34
2019 年 3 月	0.083 8	171 253.52
2019 年 4 月	0.101 0	206 411.25
2019 年 5 月	0.095 3	194 603.48
2019 年 6 月	0.110 3	225 307.77
2019 年 7 月	0.100 7	205 798.39
2019 年 8 月	0.119 7	244 612.86
2019 年 9 月	0.092 5	188 965.17
2019 年 10 月	0.089 6	213 009.71
2019 年 11 月	0.100 5	205 205.96
2019 年 12 月	0.118 0	240 956.13

4.2.2 地表水—地下水交换量

本节利用地下水动力学方法计算花山水文实验流域主要河流地表水—地下水交换量，花山水文实验流域河道与两岸的地下水交换量的计算公式可写为

$$Q=KILBt \tag{4-1}$$

式中，Q 为河道与两岸的地下水交换量(m^3)；K 为河道两岸含水层水平渗透系数(m/d)；I 为垂直于河道的水力坡度；L 为计算河段的长度(m)；B 为河道两岸含水层厚度(m)；t 为计算时间段(d)。本书中 B 值根据均衡区内地下水水位以及潜水含水层底板高程计算得到。

本书仅获取了花山水文实验流域在出口断面上的连续水位监测数据，缺少不同区域河道上游水位的监测资料，故采用河道平均坡度来近似推估上游河道不同断面的水位值。根据水文监测资料，花山水文实验流域河道平均坡度取值范围为 2.0～2.5‰。

地下水水位数据来源于沿河道两侧的地下水监测井，本节分别计算了东、中、西源 3 条河流的地表水—地下水交换量，每条河流根据实际的地下水监测井位置进行分段计算，计算结果见表 4-5。

2018 年全年均衡区地下水累计补给地表水量约为 24.22 万 m^3，2019 年全年均衡区地下水累计补给地表水量约为 34.58 万 m^3。

表 4-5　花山水文实验流域地表水—地下水交换量计算值

日期	东源	中源	西源	合计(m^3)
2018 年 1 月	−1 756.14	−26 655.84	−738.63	−29 150.62
2018 年 2 月	−1 477.42	−28 296.19	13 953.74	−15 819.86
2018 年 3 月	−1 387.11	−32 810.28	41 412.71	7 215.32
2018 年 4 月	−1 418.96	−21 237.71	22 641.50	−15.17
2018 年 5 月	−1 577.84	−23 354.18	18 110.81	−6 821.21
2018 年 6 月	−1 513.87	−20 709.82	4 693.85	−17 529.85
2018 年 7 月	−1 812.36	−22 898.61	−3 799.11	−28 510.09
2018 年 8 月	−1 797.14	−18 700.36	−10 638.03	−31 135.53
2018 年 9 月	−1 825.54	−13 928.55	−8 505.23	−24 259.32
2018 年 10 月	−2 032.65	−11 734.61	−9 858.68	−23 625.93
2018 年 11 月	−1 920.41	−13 115.01	−12 625.61	−27 661.03
2018 年 12 月	−2 057.70	−28 223.31	−14 566.15	−44 847.16
2019 年 1 月	−1 829.19	−30 875.79	−9 541.33	−42 246.31
2019 年 2 月	−1 576.81	−30 517.31	−17 716.02	−49 810.14
2019 年 3 月	−1 454.10	−28 076.12	1 420.46	−28 109.76
2019 年 4 月	−1 612.27	−14 849.86	637.60	−15 824.53
2019 年 5 月	−1 818.82	−13 851.91	−8 585.18	−24 255.90
2019 年 6 月	−1 777.68	−13 255.78	−17 680.90	−32 714.35
2019 年 7 月	−2 116.27	−12 178.23	−14 916.47	−29 210.97
2019 年 8 月	−2 234.91	−12 360.34	−16 769.96	−31 365.21
2019 年 9 月	−2 178.12	−10 357.79	−13 454.86	−25 990.77
2019 年 10 月	−2 438.55	−9 001.77	−10 372.81	−21 813.13
2019 年 11 月	−2 238.00	−9 129.02	−8 977.02	−20 344.03
2019 年 12 月	−2 274.34	−9 863.04	−11 973.75	−24 111.13

4.2.3　地下水储量变化

根据花山水文实验流域 26 眼浅层地下水监测数据和振荡试验确定的水文地质参数，本节计算了花山水文实验流域 2018—2019 年浅层地下水储量变化，计算结果见表 4-6。

2018 年全年均衡区浅层地下水储量增加约为 8.32 万 m^3；受干旱降水量减少影响，

2019 年全年均衡区浅层地下水储量减少约为 25.90 万 m^3。

表 4-6 花山水文实验流域地下水储量变化计算值

日期	水位变化值(m)	储量变化(m^3)
2018 年 1 月	0.911	186 161.66
2018 年 2 月	0.102	20 855.29
2018 年 3 月	−0.193	−39 468.57
2018 年 4 月	−0.448	−91 602.32
2018 年 5 月	0.517	105 691.94
2018 年 6 月	−0.240	−49 002.97
2018 年 7 月	−0.487	−99 401.61
2018 年 8 月	0.092	18 836.49
2018 年 9 月	−0.571	−116 708.89
2018 年 10 月	−0.172	−35 147.29
2018 年 11 月	0.107	21 889.20
2018 年 12 月	0.789	161 104.11
2019 年 1 月	−0.044	−9 077.11
2019 年 2 月	0.326	66 675.38
2019 年 3 月	−0.398	−81 410.08
2019 年 4 月	−0.315	−64 449.89
2019 年 5 月	0.202	41 187.83
2019 年 6 月	−0.212	−43 229.38
2019 年 7 月	−0.125	−25 580.01
2019 年 8 月	−0.133	−27 168.22
2019 年 9 月	−0.151	−30 913.47
2019 年 10 月	−0.445	−90 896.67
2019 年 11 月	0.071	14 574.36
2019 年 12 月	−0.042	−8 668.68

4.2.4 降水入渗补给量计算

本节构建了花山水文实验流域第四系覆盖区均衡区内水量平衡方程，计算了花山水文实验流域降水入渗补给量，并根据对应的降水量计算了月降水入渗补给系数，计算结果见表 4-7。

根据计算结果可知，2018 年全年均衡区降水入渗补给量约为 227.79 万 m^3，2019 年全年均衡区降水入渗补给量约为 189.79 万 m^3。

表 4-7　花山水文实验流域月降水入渗补给量和入渗补给系数计算结果

日 期	均衡区面积(m^2)	降水入渗补给量(m^3)	降水入渗补给系数
2018 年 1 月	20 428 667	240 584.72	0.119 3
2018 年 2 月	20 428 667	123 521.70	0.163 4
2018 年 3 月	20 428 667	237 466.45	0.116 5
2018 年 4 月	20 428 667	82 271.32	0.057 9
2018 年 5 月	20 428 667	351 634.62	0.061 6
2018 年 6 月	20 428 667	115 404.89	0.094 9
2018 年 7 月	20 428 667	111 348.85	0.037 9
2018 年 8 月	20 428 667	226 450.80	0.054 5
2018 年 9 月	20 428 667	83 685.84	0.045 6
2018 年 10 月	20 428 667	126 494.36	0.486 5
2018 年 11 月	20 428 667	230 077.13	0.144 6
2018 年 12 月	20 428 667	348 980.32	0.175 4
2019 年 1 月	20 428 667	129 756.29	0.127 9
2019 年 2 月	20 428 667	242 295.58	0.136 4
2019 年 3 月	20 428 667	61 733.97	0.147 1
2019 年 4 月	20 428 667	126 136.83	0.170 1
2019 年 5 月	20 428 667	211 535.41	0.142 5
2019 年 6 月	20 428 667	149 364.04	0.079 9
2019 年 7 月	20 428 667	151 007.42	0.106 2
2019 年 8 月	20 428 667	186 079.43	0.094 6
2019 年 9 月	20 428 667	132 060.93	0.197 7
2019 年 10 月	20 428 667	100 299.91	0.574 3
2019 年 11 月	20 428 667	199 436.29	0.206 8
2019 年 12 月	20 428 667	208 176.31	0.393 8

4.3　基于同位素检测估算降水入渗补给量

4.3.1　花山水文实验流域浅层地下水补给量

(1) 花山水文实验流域水化学特征分析

2020 年 8—11 月在花山水文实验流域共采集降水水样、地下水水样和地表水水样共计 56 个，在南京水利科学研究院生态水文实验中心检测了样品的水化学离子，包括阳离

子 K^+、Na^+、Ca^{2+}、Mg^{2+}、Si^{4+}，阴离子 NO_3^-、SO_4^{2-}、Cl^-、CO_3^{2-}、HCO_3^-，并且检测了地下水水样、地表水水样和降水水样的氢氧同位素。

本节根据花山水文实验流域常规离子检测结果绘制了水化学 Piper 图(图 4.10)，图中地表水与地下水水化学类型没有明显区分，说明地表水与地下水交互剧烈，水化学类型主要为 Ca・HCO_3 型，花山水文实验流域范围较小，东源片区、中源片区和西源片区的水化学类型接近。

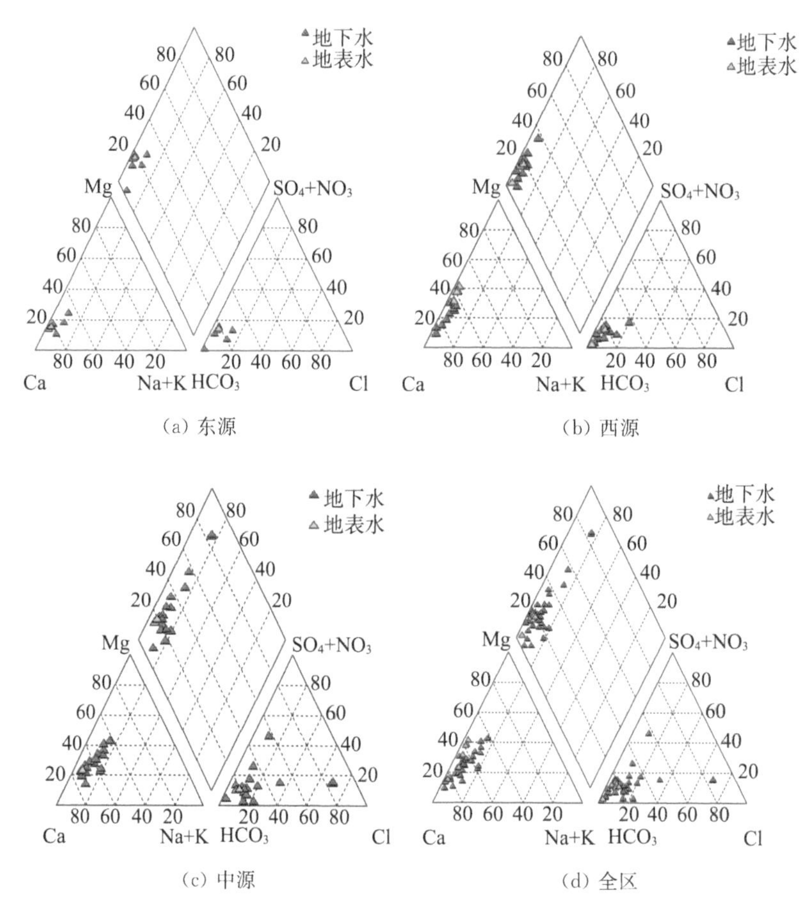

图 4.10 花山水文实验流域地下水和地表水水化学类型 Piper 图

(2) 花山水文实验流域同位素特征分析

2020 年，在花山水文实验流域共检测了 56 个地下水水样、地表水水样和降水水样氢氧同位素。花山水文实验流域地下水氢氧同位素分析结果随深度变化情况见图 4.11，流域内降水、地下水和地表水水样氢氧同位素与中国降水线、世界降水线关系见图 4.12，地下水和地表水水样电导率与 ^{18}O 关系见图 4.13。

图 4.11 结果显示，花山水文实验流域地下水 ^2H 和 ^{18}O 比例随着深度增加，变化范围出现明显变化。在埋深 6 m 处 ^2H 变化范围为 $-64\sim-35$，^{18}O 变化范围为 $-9\sim-4$，随着埋深增加，^2H 和 ^{18}O 变化范围逐渐减小，这表明在埋深 6 m 范围内地下水蒸发及入渗行为非常剧烈。

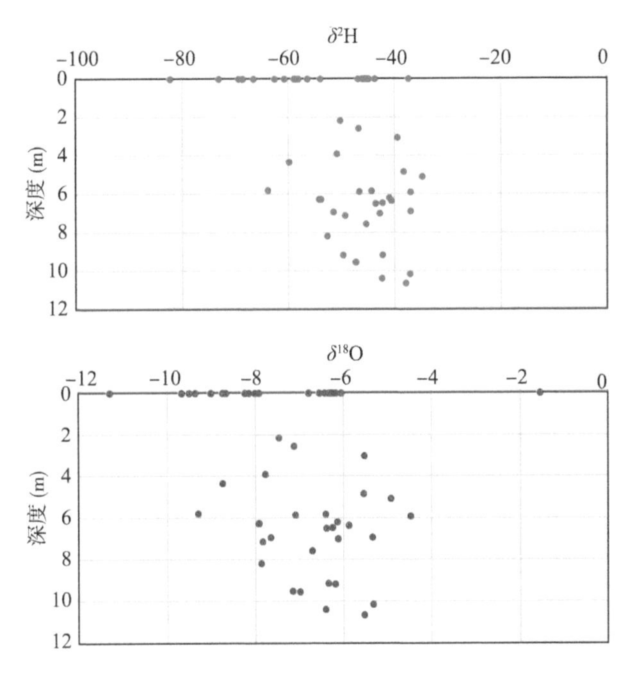

图 4.11　花山水文实验流域地下水氢氧同位素随深度变化图

图 4.12 结果显示，花山水文实验流域中地下水^{2}H 和^{18}O 组成与中国东南部降水线非常接近，说明浅层地下水大量接受降水入渗补给；单次降水不同时间采样测定的^{2}H 和^{18}O 差异比较大，但是其趋势与地表水接近；地表水^{2}H 和^{18}O 关系表明，地表水不仅仅接受地下水补给，同时还受降水产流的直接影响。

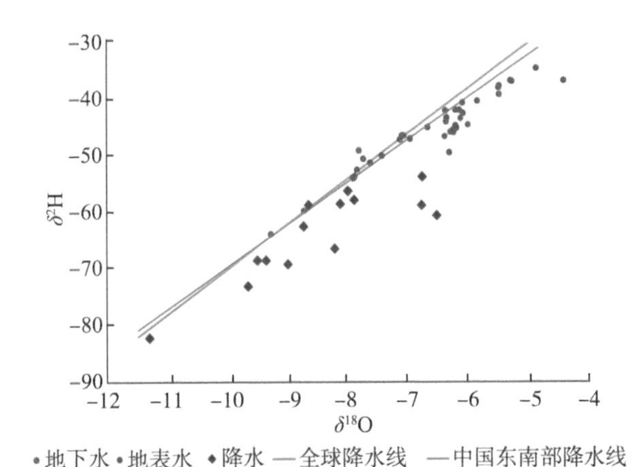

图 4.12　花山水文实验流域水样中氢氧同位素与降水线关系

图 4.13 结果显示，花山水文实验流域地下水与地表水无法通过电导率与^{18}O 的关系进行区分，部分地下水监测井距离河岸非常近，监测井中地下水与地表水交互频繁。

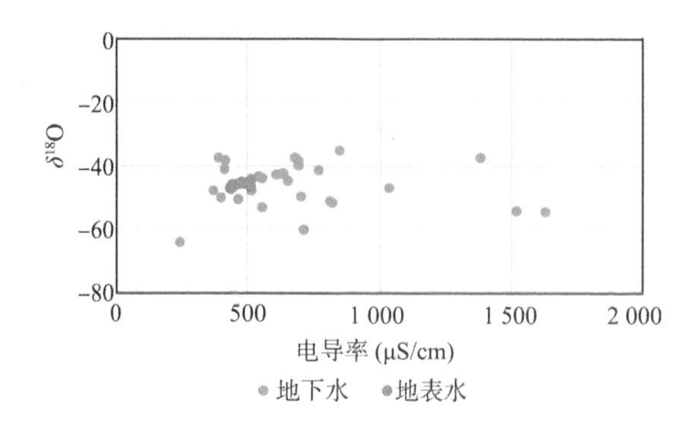

图 4.13　花山水文实验流域地表水—地下水电导率与18O 关系

(3) 花山水文实验流域浅层地下水补给比例计算

本节利用地下水和地表水中硅离子和^{2}H 的比例进行端元法计算，其中 A 端点为降水、B 端点为地表水、C 端点为远处降水入渗后形成的侧向补给。花山水文实验流域浅层地下水更新来源识别结果见图 4.14。

从图 4.14 可以直观地看出，花山水文实验流域浅层地下水系统与降水、侧向补给、地表水具有不同程度的联系。浅层地下水 Si 离子含量相对较高；地表水 Si 离子含量相对较低。端元范围之外的地下水和地表水水样不参与花山水文实验流域浅层地下水更新能力计算。

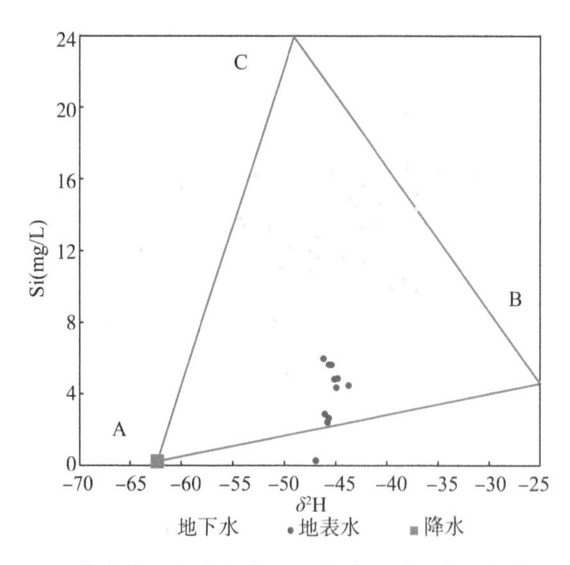

图 4.14　花山水文实验流域 2020 年浅层地下水更新来源识别

本节基于氢氧稳定同位素结合水化学离子方法对 2020 年 11 月花山水文实验流域浅层地下水更新能力进行评价，浅层地下水补给比例计算结果见表 4-8。从表 4-8 可以看出，花山水文实验流域浅层地下水水源组成中，来自降水形成的地下水直接补给量约占 25%，来自较远区域浅层地下水形成的侧向补给量约占 46%，地表水渗漏补给量约占 29%，由此推估整个花山水文实验流域降水补给地下水比例约占 71%。

表 4-8　花山水文实验流域地下水更新比例单点计算结果(2020 年)

监测井	δD	Si(mg/L)	降水 A	地表水 B	侧向补给 C
A01	−42.40	13.31	0.16	0.36	0.48
A02	−51.51	13.31	0.37	0.10	0.53
A05	−49.39	12.31	0.35	0.18	0.48
Q02	−37.17	14.43	0.00	0.49	0.51
Q03	−49.69	5.192	0.56	0.28	0.16
Q05	−42.86	14.64	0.13	0.33	0.55
Q07	−38.30	10.43	0.14	0.53	0.33
Q08	−46.73	11.71	0.30	0.26	0.43
Q10	−47.46	12.05	0.31	0.24	0.45
Q11	−42.21	11.44	0.21	0.40	0.40
Q12	−44.28	11.67	0.25	0.33	0.42
Q13	−46.70	12.84	0.27	0.25	0.49
Q14	−39.49	9.95	0.18	0.50	0.32
Q15	−50.22	11.13	0.40	0.17	0.43
Q16	−36.99	9.871	0.13	0.57	0.30
Q18	−43.57	15.02	0.13	0.30	0.57
Q20	−42.28	15.72	0.08	0.33	0.59
Q27	−41.02	13.59	0.11	0.40	0.49
Q29	−50.87	8.227	0.50	0.20	0.30
Q31	−47.35	10.92	0.34	0.26	0.40
Q34	−40.63	14.69	0.07	0.39	0.54
Q35	−53.87	13.48	0.42	0.03	0.55
Q35−2	−54.27	13.89	0.42	0.01	0.57
Q38	−45.33	16.42	0.13	0.23	0.64
Q39	−52.72	16.32	0.31	0.02	0.67

4.3.2　涡河流域深层地下水补给量

(1) 涡河流域地下水水化学特性

涡河流域为淮河第二大子流域，主要涉及开封市、商丘市、亳州市和蚌埠市，通过对地下水水样常规水化学离子检测分析，绘制了浅层和深层地下水水化学成分 Piper 图(图

4.15）。涡河流域深浅层地下水分异性依然明显，浅层地下水碱土金属离子（镁 Mg^{2+}、钙 Ca^{2+}）超过碱金属离子（钾 K^{+}、钠 Na^{+}），深层地下水碱金属离子（钾 K^{+}、钠 Na^{+}）超过碱土金属离子（镁 Mg^{2+}、钙 Ca^{2+}）。

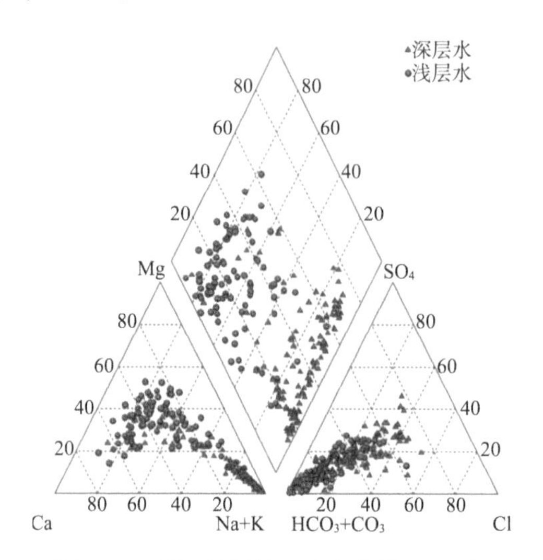

图 4.15　涡河流域地下水水化学 Piper 图

（2）涡河流域地下水中氚含量测定

2003 年，淮北平原首次环境同位素研究的测试结果[91]见表 4-9。表 4-9 显示深层古地下水中所含有的氚大部分都来自核爆，GYC 和 JSD 样品中是天然氚，核爆氚只能由降水携带，通过浅层含水岩组的通道进入深层地下水。

表 4-9　淮北平原深层古地下水中的氚

2003 年水样编号	2015 年水样编号	井深(m)	^{14}C 年龄(a BP)	氚含量(TU)
FYC(阜阳)	FY16	254.0	42 430±900	6.88
GYC(涡阳)	WY3 附	180.7	34 450±820	2.43
BZC(亳州)	BZ22	151.8	26 675±950	5.62
JSC(界首)	—	131.1	35 120±950	10.90
JSD(界首)	—	214.8	35 200±100	1.17
ZKC(周口)	—	312.3	42 450±720	7.88
ZCD(柘城)	—	424.3	38 180±750	7.04

2019 年，作者从涡河流域上游开封市至下游蚌埠市共采集地下水水样 21 组用于地下水中氚含量的测定（图 4.16），其中深层地下水 11 组、浅层地下水 10 组。所有样品均送往中国地科院水环所实验室进行氚同位素检测，分析结果见表 4-10。

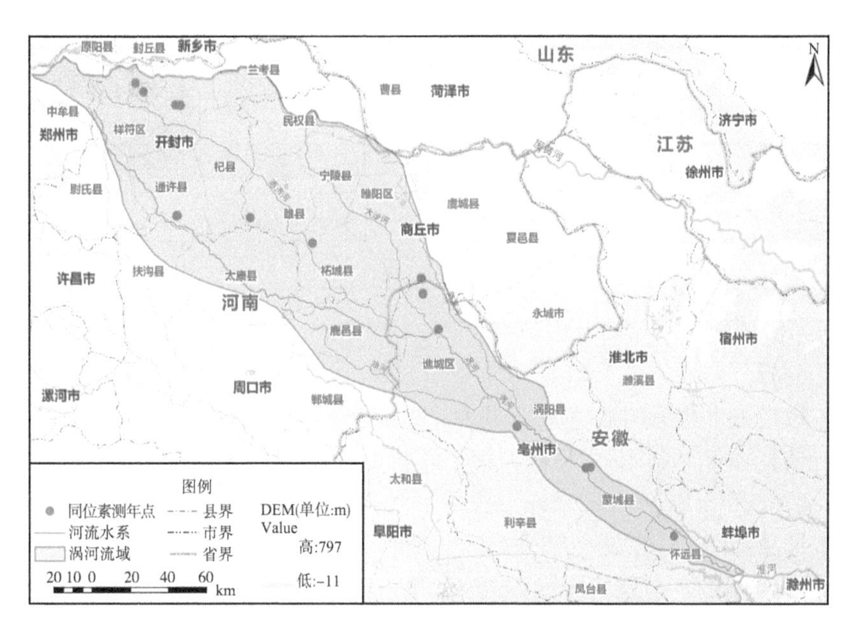

图 4.16　涡河流域地下水氚分析采样点位置

表 4-10　涡河流域地下水氚分析结果

样品编号	井深(m)	2019 年氚含量(TU)	不确定度(TU)
BBS03	120	<1.0	
BBS04	20	<1.0	
BZS01	320	3.5	0.8
BZS02	20	3.4	0.8
BZS08	30	<1.0	
BZS09	300	<1.0	
BZS16	360	<1.0	
BZS17	26	<1.0	
BZS26	380	<1.0	
SQS03	40	2.1	0.8
SQS04	530	<1.0	
SQS11	513	<1.0	
SQS12	22	<1.0	
SQS20	22	<1.0	
SQS21	500	<1.0	
KFS06	500	<1.0	
KFS07	26	3.1	0.9

续表

样品编号	井深(m)	2019 年氚含量(TU)	不确定度(TU)
KFS12	500	<1.0	
KFS15	20	5.4	1.0
KFS20	600	<1.0	
KFS21	25	<1.0	

(3) 涡河流域地下水年龄及更新率计算

①定性分析

涡河流域地下水样品的氚值差别不大。根据经验法对 2003 年深层地下水样品中的氚年龄进行估算,GYC(涡阳)采样点位地下水推断为 1953 年之前所补给的水与现代水的混合,BZC(亳州)和 FYC(阜阳)采样点位地下水推断为现代水;根据经验法对 2019 年深浅层地下水样品中的氚年龄进行估算,商丘市部分采样点位(柘城县)浅层地下水推断为 1953 年之前所补给的水与现代水的混合,亳州市部分采样点位(蒙城县)深浅层地下水、开封市部分采样点位(通许县、鼓楼区)浅层地下水推断为现代水,其他地区采样点位深层地下水均推断为 1953 年之前所补给的。

由于根据经验法所估算的地下水年龄仅为一个大致的区间,因此只可作为参考,而更为精确的地下水年龄估算需要用到数学物理模型进行计算。

②定量计算

根据国际原子能机构(IAEA)在中国设置的大气降水氚浓度监测站分布情况,选择郑州站和离河南南部距离最近的武汉站作为典型测站,用郑州站与武汉站大气降水氚浓度的平均值代表淮河两岸大气降水氚浓度。高淑琴[82]通过关秉钧法、双参考曲线法、内插法、三角形插值法、多元统计法和相关分析法等多种恢复数据方法确定了淮河两岸地区 1953—2007 年大气降水氚浓度,见图 4.17。本节采用活塞模型作为大气降水入渗模型。

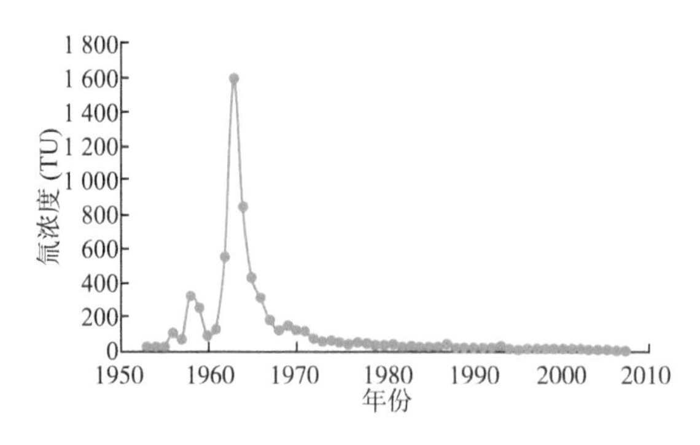

图 4.17　1953—2007 年淮河两岸大气降水氚浓度曲线

根据式(3-20),利用大气降水氚浓度计算得出的涡河流域不同时期地下水年龄见图 4.18 和表 4-11。根据深浅层地下水样品中氚浓度计算出涡河流域不同时期深浅层地下水年更新率见表 4-11,可见地下水年龄的计算结果与定性分析结果一致。2003 年地下水样品中氚浓度显示涡河流域深层地下水年龄为 45～48 a,但深层地下水中 ^{14}C 测年结果显示深层地下水为古水，揭示了亳州市浅层地下水与深层地下水存在混合的情况；2019年地下水样品中氚浓度显示大部分浅层地下水年龄为58～63a，但亳州市蒙城县一采样点深层地下水年龄与该点位浅层地下水年龄一致，同样揭示了浅层地下水与深层地下水存在混合的情况。相比2003年，亳州市涡阳—蒙城一带2019年深层地下水年更新率存在下降趋势，其主要原因是亳州市深层地下水的持续超采。

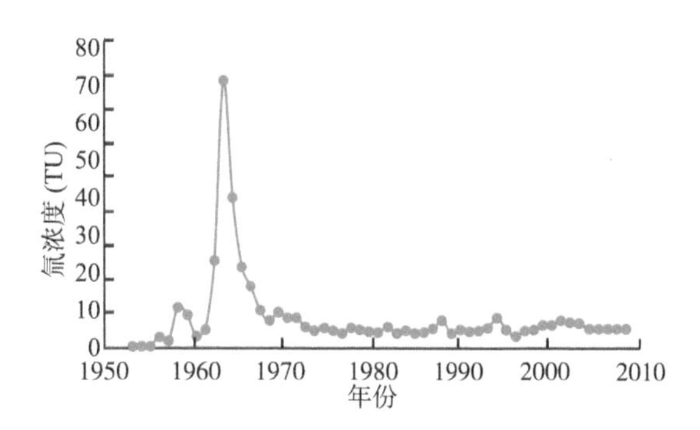

图4.18 涡河流域地下水中氚浓度曲线

表4-11 不同时期涡河流域地下水年龄及更新速率

年份	样品编号	井深(m)	氚浓度(TU)	年龄(a)	年更新率(%)
2003	FYC(阜阳)	254.0	6.88	45	0.45
	GYC(涡阳)	180.7	2.43	48	1.72
	BZC(亳州)	151.8	5.62	45	0.06
2019	BZS01(蒙城)	320.0	3.50	61	0.39
	BZS02(蒙城)	20.0	3.40	61	0.36
	SQS03(柘城)	40.0	2.10	63	1.13
	KFS07(通许)	26.0	3.10	63	2.00
	KFS15(鼓楼)	2.0	5.40	58	1.60

4.4 基于数值模拟模型估算降水入渗补给量

本节通过振荡试验确定了花山水文实验流域第四系覆盖层渗透系数和贮水率等水文地质参数，基于获取的水文地质参数值构建了花山水文实验流域水文地质结构模型，建立了地下水数值模拟模型，基于数值模拟模型评价了花山水文实验流域降水入渗补给量。

4.4.1 水文地质参数确定

通过配线法计算花山水文实验流域第四系覆盖层中饱和含水层渗透系数及贮水率，即根据地下水监测井深度、花管位置、监测井直径等参数生成一系列不同无量纲贮水系数标准曲线，将振荡试验无量纲实测水位恢复曲线与标准曲线绘制在同一坐标系中，通过平移实测数据确定最佳匹配标准曲线。基于 KGS 模型[68]花山水文实验流域 28 眼浅层地下水监测井中实施的振荡配线结果见图 4.19，基于 SHB 模型花山水文实验流域 28 眼浅层地下水监测井中实施的振荡配线结果见图 4.20。根据配线结果计算的花山水文实验流域第四系覆盖层中饱和含水层渗透系数和贮水率见表 4-12。

图 4.19 表明，大部分地下水监测井中振荡试验实测数据与 KGS 模型生成标准曲线匹配较好，选择 KGS 模型用于计算渗透系数和贮水率合理。Q03 监测井和 Q25 监测井中实验数据质量较差导致现场采集的数据与标准曲线的形态相差较大，可能是地下水监测井的建造对花管附近地层造成扰动以及地下水监测井中花管存在堵塞共同作用的结果；Q04 监测井、Q08 监测井、Q15 监测井和 Q20 监测井的现场采集数据前期与标准曲线匹配较好，后期出现偏差，推估主要是由振荡试验的影响范围之内含水层存在水平方向的非均质性造成的。

图 4.20 表明，利用 SHB 模型可以计算花山水文实验流域不同地下水监测井揭穿的潜水含水层的给水度，弥补了 KGS 模型在确定潜水含水层给水度方面的不足，但是该模型在确定含水层渗透系数和贮水率的过程中计算量极大。

表 4-12 表明，利用 KGS 模型确定的潜水含水层渗透系数和贮水率与利用 SHB 模型确定的潜水含水层渗透系数和贮水率基本一致，表明了利用振荡试验确定花山水文实验流域第四系覆盖层的水文地质参数的准确性和可靠性。

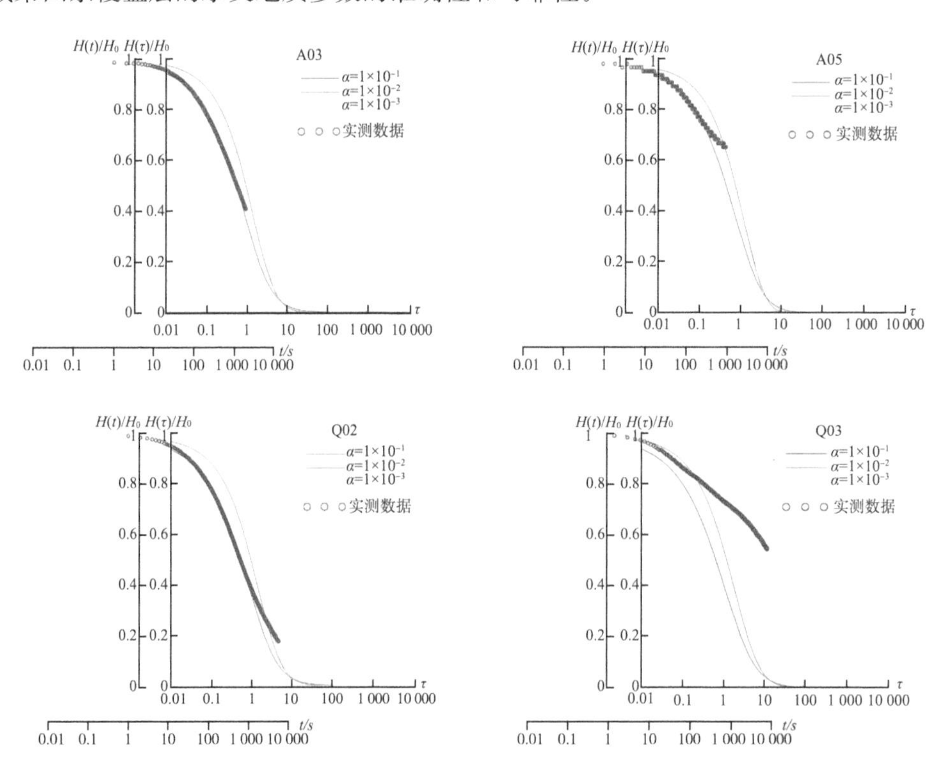

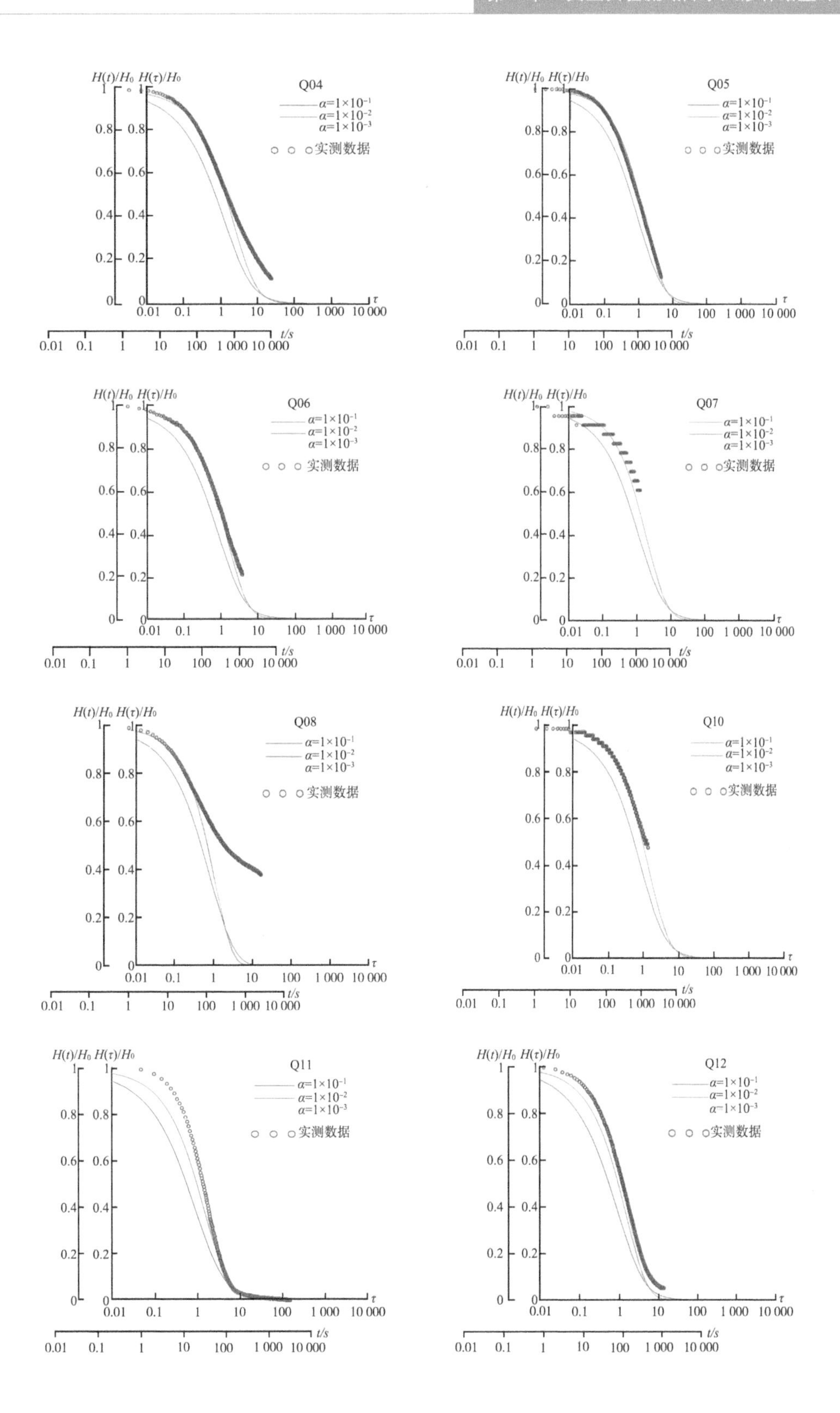
Q04
Q05
Q06
Q07
Q08
Q10
Q11
Q12
H(t)/H0
H(τ)/H0
α=1×10⁻¹
α=1×10⁻²
α=1×10⁻³
实测数据
τ
t/s
0.01
0.1
1
10
100
1 000
10 000
0
0.2
0.4
0.6
0.8
1

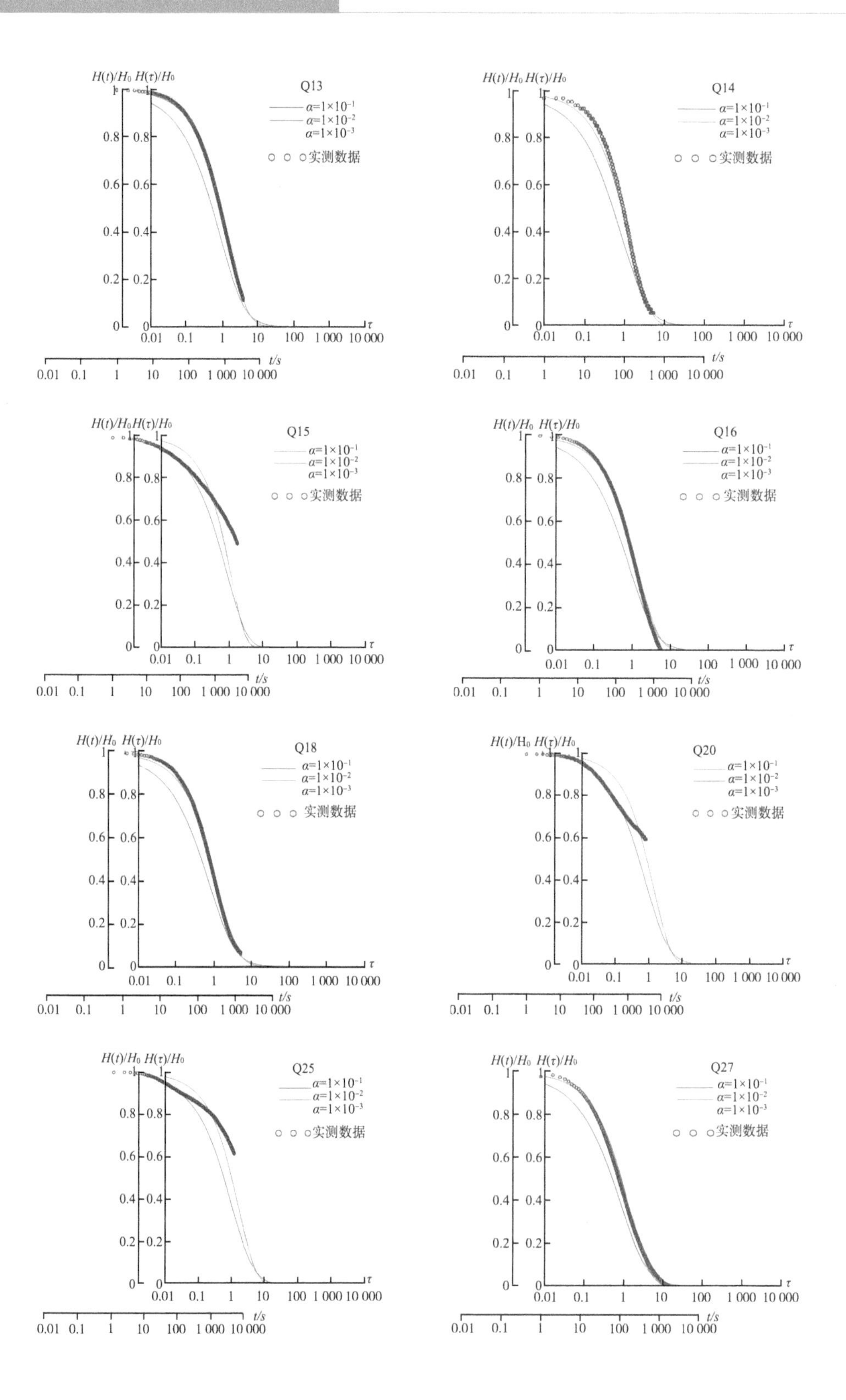

Q13
Q14
Q15
Q16
Q18
Q20
Q25
Q27
$H(t)/H_0$ $H(\tau)/H_0$
$\alpha=1\times10^{-1}$
$\alpha=1\times10^{-2}$
$\alpha=1\times10^{-3}$
实测数据
τ
t/s
0.01 0.1 1 10 100 1 000 10 000
0 0.2 0.4 0.6 0.8 1

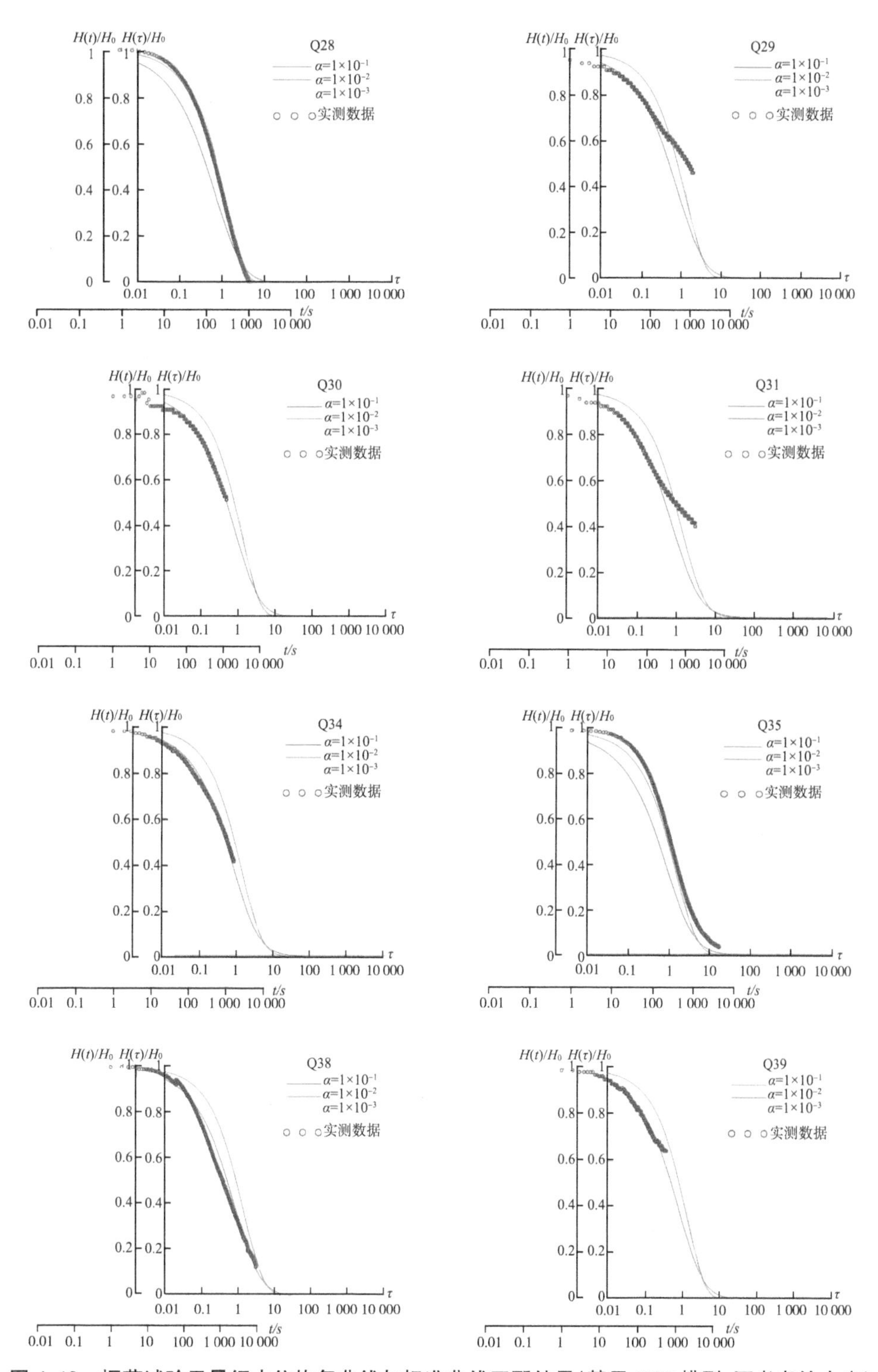

图 4.19　振荡试验无量纲水位恢复曲线与标准曲线匹配结果(基于 KGS 模型,不考虑给水度)

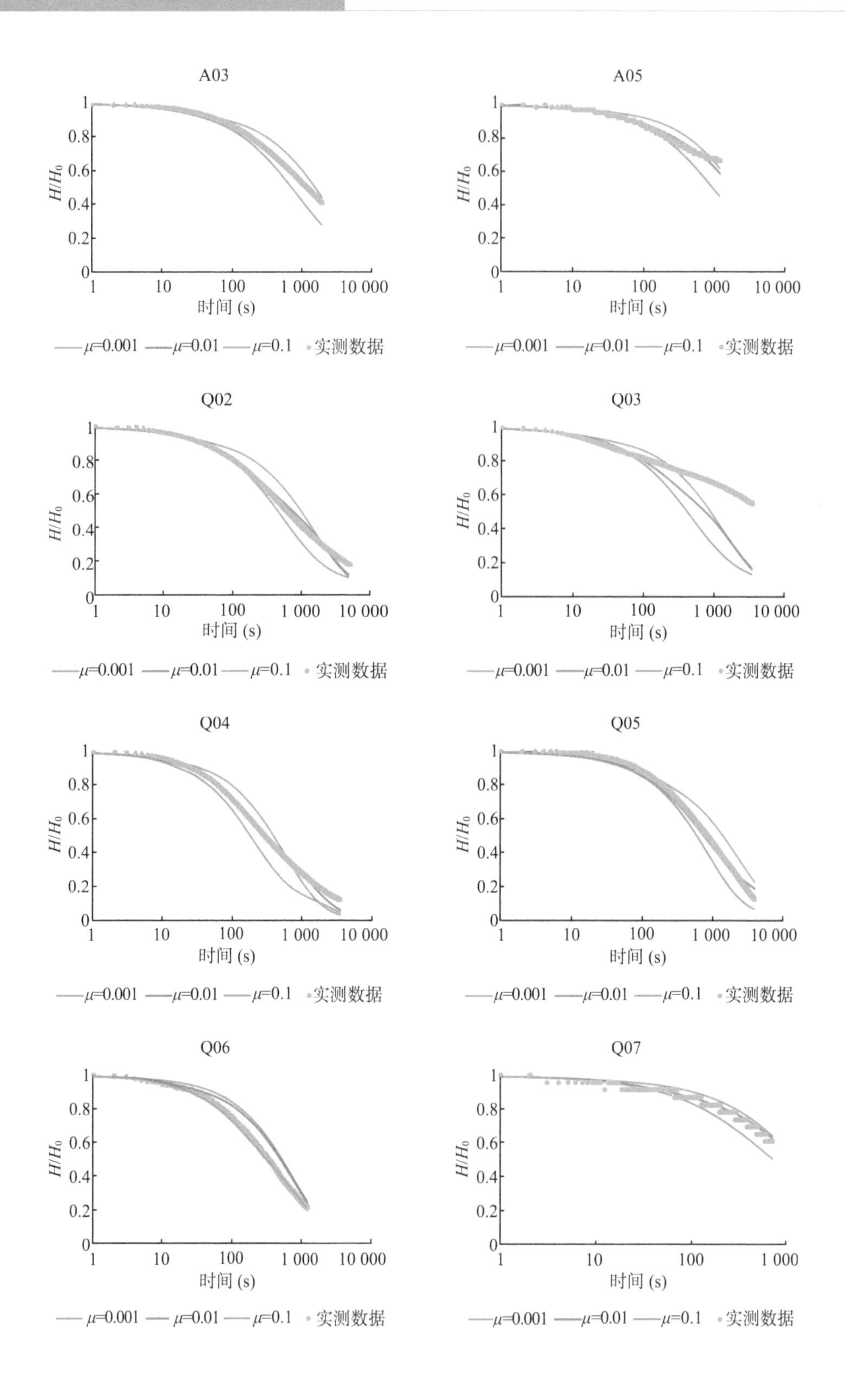

A03
A05
Q02
Q03
Q04
Q05
Q06
Q07
H/H_0
时间 (s)
μ=0.001
μ=0.01
μ=0.1
实测数据

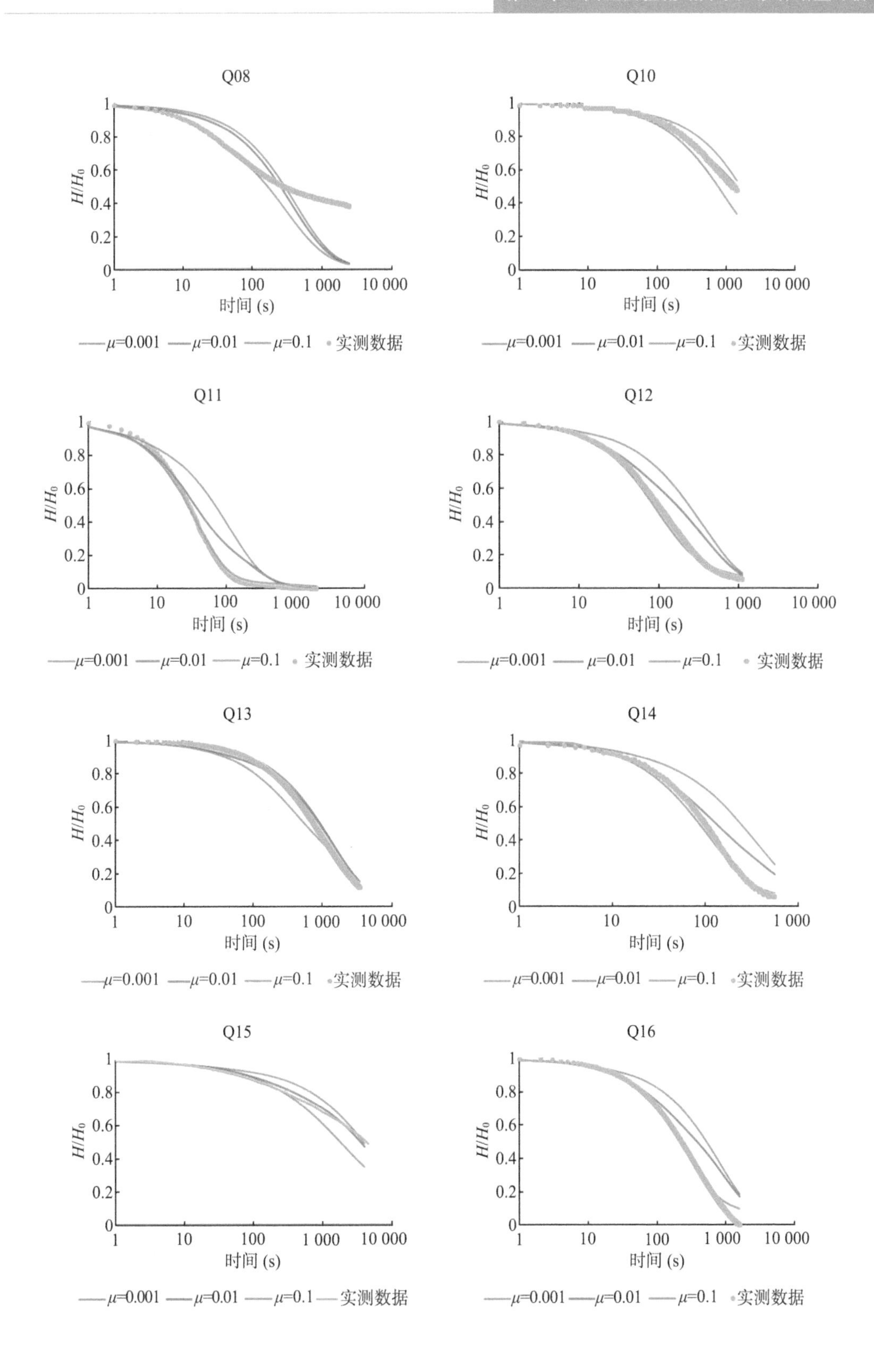
Q08
Q10
Q11
Q12
Q13
Q14
Q15
Q16
H/H_0
时间 (s)
1
10
100
1 000
10 000
0
0.2
0.4
0.6
0.8
μ=0.001
μ=0.01
μ=0.1
实测数据

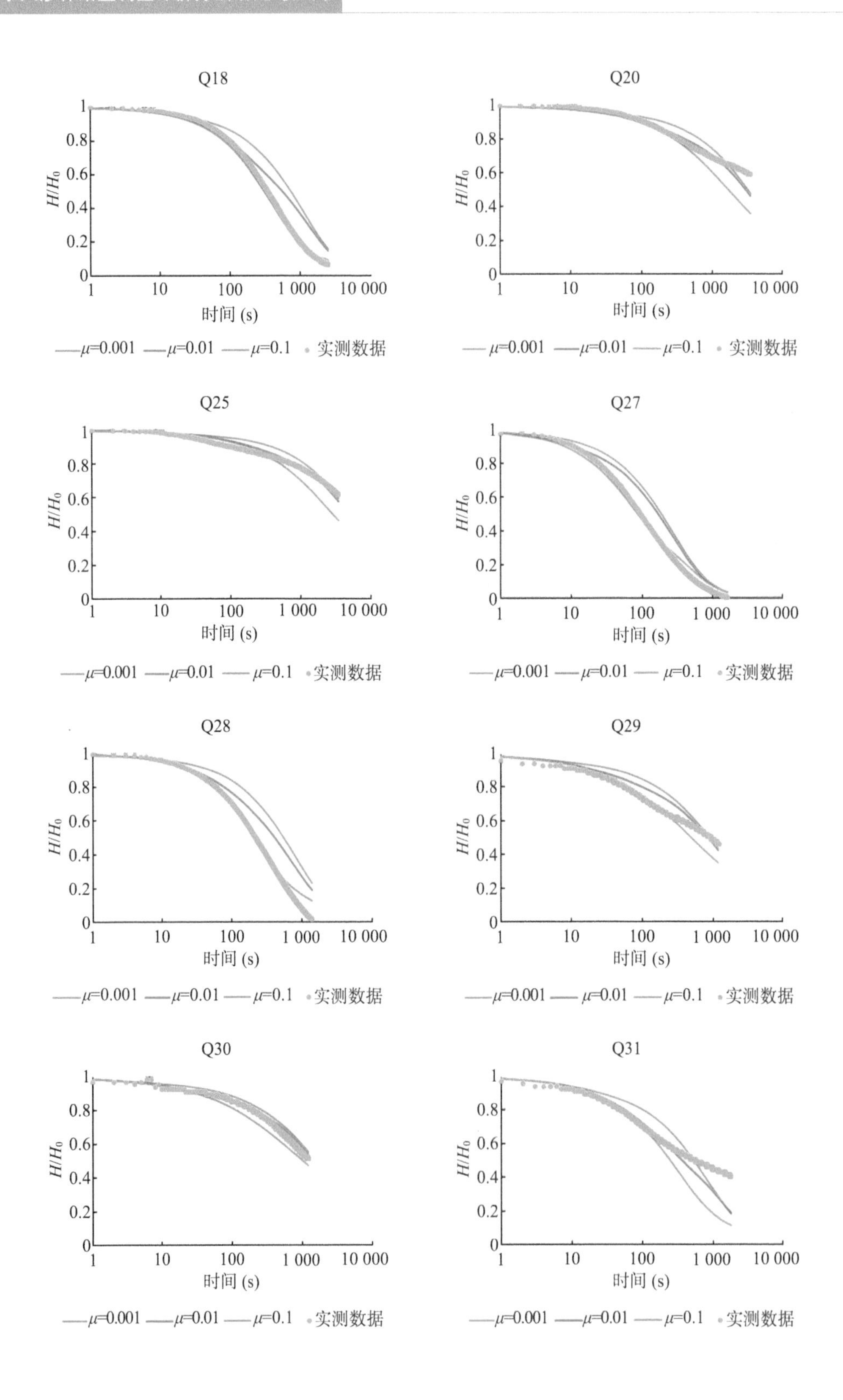
Q18
Q20
Q25
Q27
Q28
Q29
Q30
Q31
H/H_0
时间 (s)
1
10
100
1 000
10 000
0
0.2
0.4
0.6
0.8
1
μ=0.001
μ=0.01
μ=0.1
实测数据

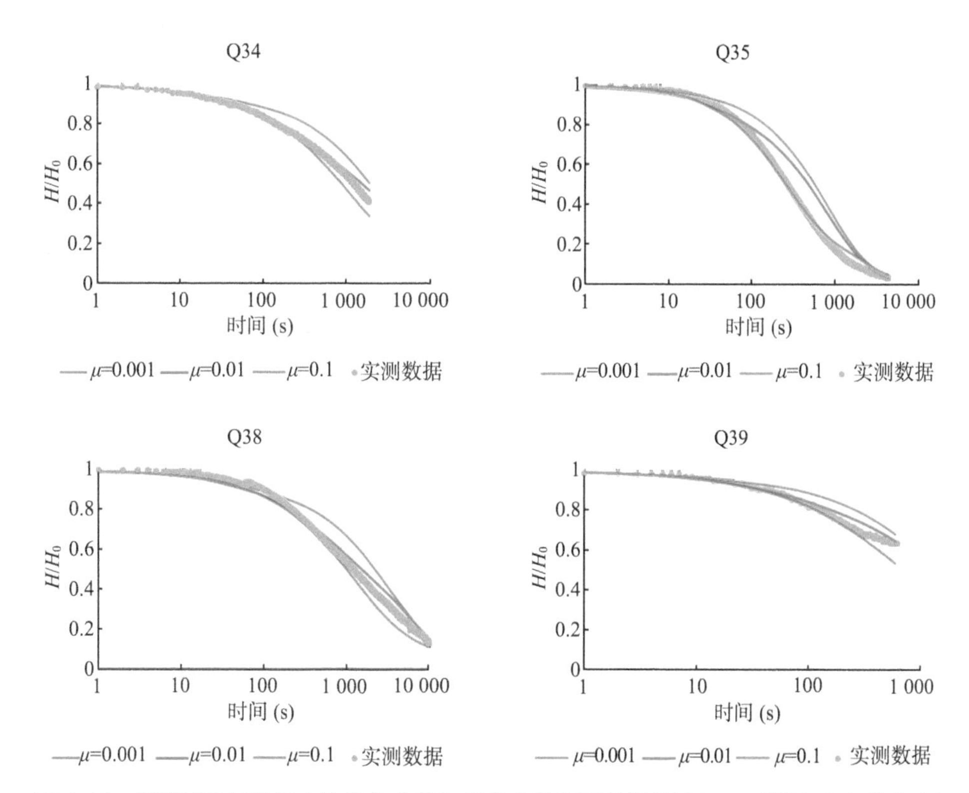

图 4.20　振荡试验无量纲水位恢复曲线与标准曲线匹配结果(基于 SHB 模型,考虑给水度)

表 4-12　振荡试验确定花山水文实验流域第四系覆盖层饱和含水层水文地质参数

序号	地下水监测井编号	地下水监测井深度(m)	测试井初始水位变化(m)	试验时长(s)	KGS 模型		SHB 模型		
					贮水率(1/m)	渗透系数(m/d)	贮水率(1/m)	给水度	渗透系数(m/d)
1	A03	8.6	0.855	1 916	8.44×10^{-3}	0.07	2.5×10^{-3}	1.0×10^{-2}	0.14
2	A05	7.102	0.198	1 175	1.6×10^{-2}	0.11	1.8×10^{-3}	1.0×10^{-2}	0.26
3	Q02	10.123	0.819	5 201	4.86×10^{-3}	0.08	9.0×10^{-4}	1.0×10^{-2}	0.14
4	Q03	9.127	0.68	3 427	5.5×10^{-4}	0.24	1.0×10^{-3}	1.0×10^{-2}	0.17
5	Q04	10.62	0.609	3 569	5.65×10^{-4}	0.35	1.0×10^{-4}	1.0×10^{-2}	0.44
6	Q05	6.982	0.403	3 831	1.31×10^{-3}	0.22	8.0×10^{-4}	1.0×10^{-2}	0.30
7	Q06	5.078	0.197	1 211	1.12×10^{-3}	0.60	1.0×10^{-4}	1.0×10^{-1}	0.95
8	Q07	4.82	0.069	715	1.08×10^{-3}	0.23	1.08×10^{-3}	1.0×10^{-2}	0.27
9	Q08	2.55	0.553	2 428	5.22×10^{-3}	5.95	1.0×10^{-3}	1.0×10^{-1}	6.91
10	Q10	9.495	0.201	1 434	7.37×10^{-4}	0.13	2.0×10^{-4}	1.0×10^{-2}	0.17
11	Q11	9.157	0.576	3 171	8.31×10^{-5}	7.11	1.0×10^{-5}	1.0×10^{-1}	5.18
12	Q12	5.805	0.664	1 095	1.32×10^{-4}	2.82	2.96×10^{-5}	1.0×10^{-1}	2.59

续表

序号	地下水监测井编号	地下水监测井深度(m)	测试井初始水位变化(m)	试验时长(s)	KGS模型		SHB模型		
					贮水率(1/m)	渗透系数(m/d)	贮水率(1/m)	给水度	渗透系数(m/d)
13	Q13	5.851	1.112	3 406	1.08×10^{-3}	0.23	3.98×10^{-4}	1.0×10^{-2}	0.43
14	Q14	3.023	0.203	557	1.98×10^{-4}	3.39	2.93×10^{-5}	1.0×10^{-1}	3.28
15	Q15	2.16	0.545	4 469	5.11×10^{-2}	0.35	5.0×10^{-2}	1.0×10^{-2}	0.25
16	Q16	7.512	0.583	1 589	1.23×10^{-3}	0.85	2.0×10^{-4}	1.0×10^{-1}	0.95
17	Q18	6.465	0.685	2 508	9.05×10^{-4}	0.39	1.0×10^{-4}	1.0×10^{-1}	0.52
18	Q20	6.343	0.503	3 493	1.64×10^{-2}	0.07	5.0×10^{-3}	1.0×10^{-2}	0.13
19	Q25	4.561	0.554	3 473	1.6×10^{-2}	0.09	3.0×10^{-3}	1.0×10^{-2}	0.09
20	Q27	6.342	0.665	1 905	1.65×10^{-3}	2.36	2.38×10^{-4}	1.0×10^{-1}	3.62
21	Q28	2.345	0.585	1 590	2.42×10^{-3}	1.66	3.0×10^{-4}	1.0×10^{-1}	1.73
22	Q29	3.882	0.207	1 234	2.73×10^{-2}	0.78	3.0×10^{-2}	1.0×10^{-1}	0.55
23	Q30	5.773	0.204	1 225	2.9×10^{-2}	0.24	3.5×10^{-2}	1.0×10^{-2}	0.34
24	Q31	9.52	0.201	1 786	6.4×10^{-3}	0.20	1.0×10^{-3}	1.0×10^{-2}	0.35
25	Q34	6.345	0.195	1 869	1.16×10^{-2}	0.10	8.0×10^{-3}	1.0×10^{-2}	0.12
26	Q35	5.234	0.509	4 301	1.47×10^{-4}	1.01	1.4×10^{-4}	1.0×10^{-1}	1.01
27	Q38	6.234	0.466	9 522	1.1×10^{-2}	0.06	5.0×10^{-3}	1.0×10^{-2}	0.11
28	Q39	8.142	0.159	617	2.26×10^{-2}	0.26	1.16×10^{-2}	1.0×10^{-2}	0.37

4.4.2 数值模拟模型构建

4.4.2.1 概念模型

花山水文实验流域第四系孔隙含水系统为一独立的地下水系统，第四系含水系统内水力联系密切。地下水主要接受侧向径流补给、降水入渗、灌溉入渗、渠系入渗和河流入渗补给，主要排泄有蒸散发、人工开采、排渠排水、河流排泄等。

(1) 模拟范围确定

花山水文实验流域第四系覆盖层中孔隙水是一个完整的地下水系统，流域较小，含水层主要为潜水，下部为基岩裂隙水系统，东南部、西南部和西部山区有基岩出露，第四系覆盖较少，北部以小沙河作为北部边界，作为此次模拟的范围(图 4.21)。深度则应取到第三系相对隔水层顶板，基于花山水文实验流域地下水监测井建设深度原则(钻孔揭穿第四系含水层至基岩)，各浅层地下水监测井的深度即对应为该位置第四系含水层厚度。

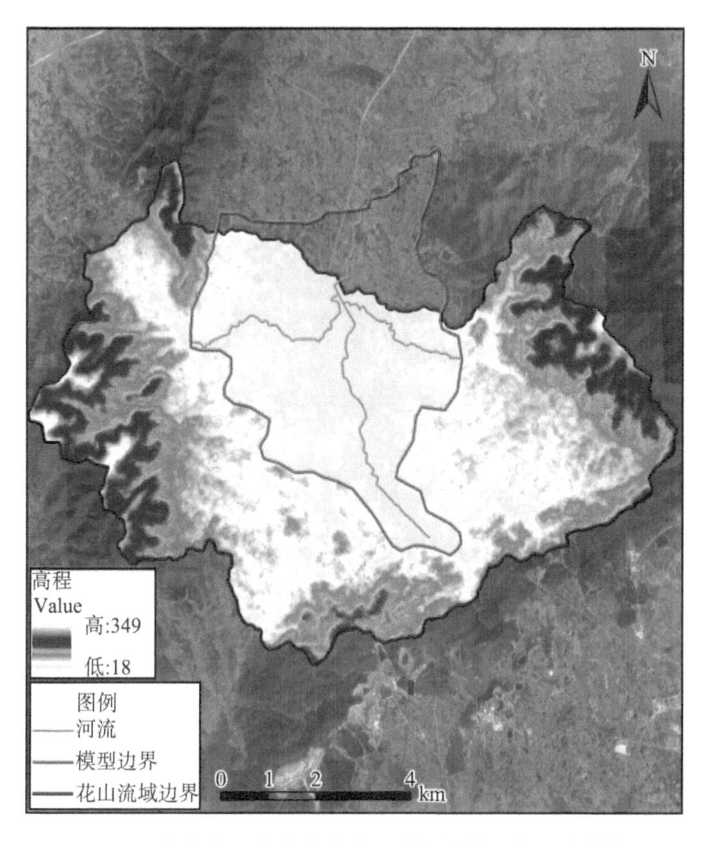

图 4.21 花山水文实验流域地下水数值模拟模型计算范围

(2) 边界概化

花山水文实验流域第四系覆盖层地下水数值模拟模型区域的西部和北部边界主要以基岩与第四系的交界确定，同时考虑地下水监测井的分布及资料收集情况做适当调整，东南部、西南部和西部山区有基岩出露，基本没有第四系覆盖，概化为隔水边界，北部延伸至小沙河，概化为给定水头边界，模型内部以中源河道、东源河道作为模型内边界，具体设置如图 4.22 所示。

数值模拟模型上部边界为水量交换边界，包括降水入渗补给、河流渗漏补给等补给项，以及蒸发等排泄项；模拟区下部概化为隔水边界。

4.4.2.2 数学模型

(1) 数学模型的建立

$$\frac{\partial}{\partial x}\left(K_{xx}\frac{\partial h}{\partial x}\right)+\frac{\partial}{\partial y}\left(K_{yy}\frac{\partial h}{\partial y}\right)+\frac{\partial}{\partial z}\left(K_{zz}\frac{\partial h}{\partial z}\right)+W=S_s\frac{\partial h}{\partial t} \tag{4-2}$$

$$H(x,y,z,t)\big|_{t=0}=H_0(x,y,z) \quad (x,y,z)\in\Omega \tag{4-3}$$

$$H(x,y,z,t)\big|_{\Gamma_1}=H_1(x,y,z,t) \quad (x,y,z)\in\Gamma_1 \tag{4-4}$$

$$K(H-B)\frac{\partial H}{\partial n}\bigg|_{\Gamma_2}=q(x,y,z,t) \quad (x,y,z)\in\Gamma_2 \tag{4-5}$$

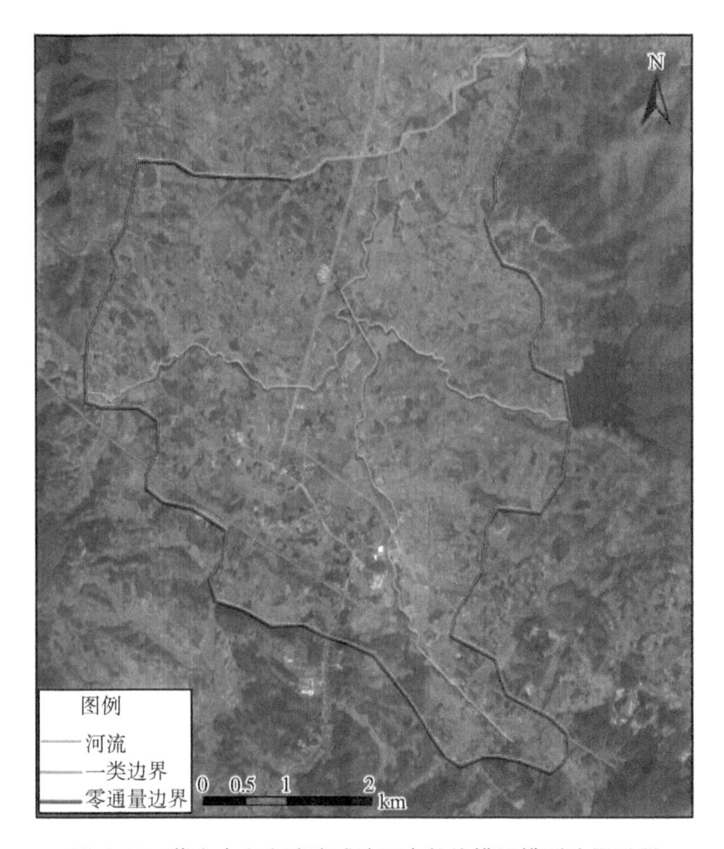

图 4.22　花山水文实验流域地下水数值模拟模型边界设置

式中，K_{xx}，K_{yy}，K_{zz} 为沿着 x，y，z 方向的渗透系数(L/T)；H 为地下水水位(L)；B 是潜水含水层的底板标高(L)；W 为源汇项(L/T)；S_s 为贮水率(L^{-1})；Ω 为模拟区范围；H_0 为初始地下水流场(L)；H_1 为给定水头边界的地下水水位(L)；t 为时间(T)；Γ_1 为给定水头边界；n 为沿边界外法线方向；q 为边界流量(L^2/T)；Γ_2 为给定流量边界；h 为地下水水位。

(2) 求解方法

对上述地下水流数值模型，采用地下水模拟软件 MODFLOW 进行求解。MODFLOW 是由美国地质调查局(USGS)于 20 世纪 80 年代开发出的一套专门用于孔隙介质中地下水流动相关问题数值模拟的软件，该软件采用有限差分方法求解地下水流数学模型。由于计算时模型容易收敛，因而在世界各国的地下水数值模拟方面应用非常广泛。

(3) 源汇项的处理

花山水文实验流域内各源汇项组成比较简单，其中补给项包括大气降水补给、河道渗漏补给，排泄项包括蒸发排泄及人工开采。

①大气降水补给

降水入渗补给量，根据下式计算

$$Q_{降} = F \cdot \alpha \cdot P \tag{4-6}$$

式中，F 为降水入渗补给面积(m^2)；α 为降水入渗补给系数(无因次)；P 为降水量(mm)。

区域降水入渗补给系数，根据下式计算：

$$\alpha = \mu \frac{\sum \Delta H}{P_{次}} \tag{4-7}$$

式中，μ 为水位变动带含水层给水度(无因次)；ΔH 为次降水造成的水位增幅(m)；$P_{次}$ 为引起该水位增幅对应时段的次降水量(mm)。

本节将地下水水位波动法确定的降水入渗补给系数作为地下水数值模拟模型的基本输入参数，花山水文实验流域数值模拟模型计算范围内降水入渗补给系数分区见图 4.23。

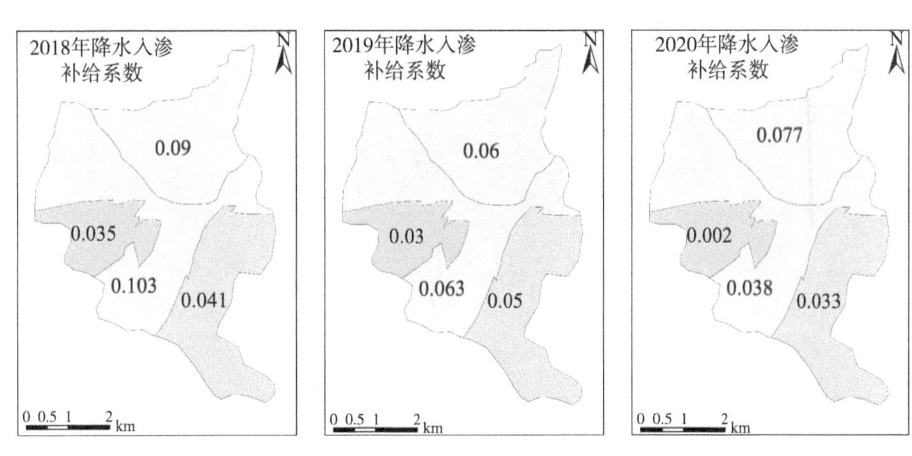

图 4.23　花山水文实验流域第四系覆盖层模拟区降水入渗补给系数分区(2018—2020 年)

②河流

模拟区内河流主要有西源、中源、东源河流，其中中源河道径流量较大，与研究区地下水联系密切，是本次研究的重点。

依据水文地质剖面图及区域勘探成果可知，河流没有切穿含水层，与地下水的交换面为河床的整个浸润面。因此，模型中河流与两岸地下水的交换量采用下列公式计算：

$$Q_{riv} = \frac{KLW}{M}(H_{riv} - h_{i,j,k}), h_{i,j,k} > RBOT \tag{4-8}$$

$$Q_{riv} = \frac{KLW}{M}(H_{riv} - RBOT), h_{i,j,k} \leqslant RBOT \tag{4-9}$$

式中，Q_{riv} 为单位时间内长度为 L 的河段中河流与地下水的交换量(L^3T^{-1})，当河流补给地下水含水层时为正值，反之为负值；H_{riv} 为河流水位(L)；$h_{i,j,k}$ 为河流河段所在的计算单元的地下水水位(L)；$RBOT$ 为河床沉积物高程(L)；K 为河床沉积物的渗透系数(LT^{-1})。

③蒸发排泄量

花山水文实验流域地下水埋藏较浅，平均埋深为 2～5 m，靠近山前的区域为 10 m 左右，潜水蒸发量大。根据城西径流水文站的实测蒸发数据，极限蒸发深度设置为 5 m，模型的蒸发面根据研究区监测井的实测水位进行全区插值获得。

4.4.2.3 空间剖分和时间剖分

(1) 空间剖分

花山水文实验流域地下水数值模拟模型的剖分主要采用正交网格剖分方法。网格的尺寸为 50 m×50 m，见图 4.24。

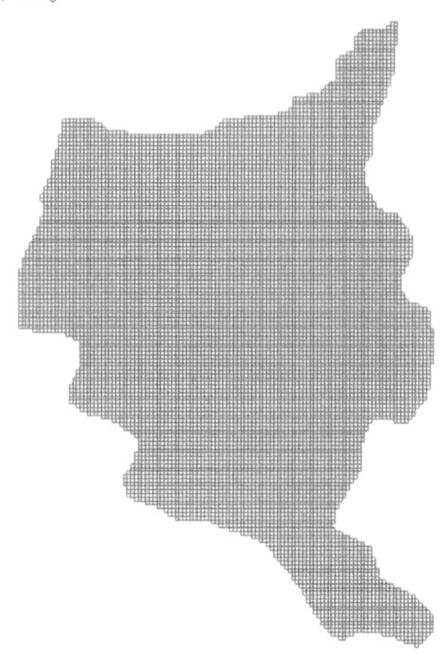

图 4.24 花山水文实验流域地下水数值模拟模型剖分结果

(2) 时间部分

模型计算时间为 2018 年 1 月 1 日至 2020 年 10 月 31 日。其间地下水观测数据连续，且具有连续降水量观测。模型计算采用最大时间步长为 10 d。

4.4.2.4 模型识别

地下水数值模拟模型初始流场校验分为两个步骤：第一步，稳定流计算，通过稳定流计算，对模型参数及非稳定流初始流场进行计算；第二步，非稳定流计算，将稳定流流场计算结果作为非稳定流初始流场，拟合 2018—2020 年监测井地下水水位，并对模型参数进行进一步校正。

区域模型校正采用试错法，并需进行上百次的运算，拟合结果可靠性的评判依据包括区域流场的形态、模型收敛性、水位观测孔拟合数量(监测井计算水位的置信区间为观测水位上下 1.0 m)、拟合精度(均方根误差 RMSE)和水均衡分析。

根据数值模拟模型区内若干已知坐标位置的地下水水位监测值与模拟值的误差，用 RMSE 建立目标函数：

$$\mathrm{RMSE}(K_j^i)=\sum_{k=1}^{M}\omega_k\sqrt{(H_k^c-H_k^o)^2} \tag{4-10}$$

式中，K_j^i 为待求的参数，上标 i 表示根据岩体透水性划分的第 i 个子区，$i=\mathrm{I},\mathrm{II},\cdots,\mathrm{NNO}$，NNO 为分区的总数，下标 j 表示第 i 个子区中第 j 个参数，$j=1,2,\cdots,\mathrm{NK}$，NK 为某区参数的总数；M 为区域内地下水监测点(孔)的总数；H_k^c 和 H_k^o 分别为区域内第 k 个地下水监测点水位模拟值和实测值；ω_k 为第 k 个地下水水位实测值的权函数，且有：

$$\sum_{k=i}^{M}\omega_k = 1.0 \tag{4-11}$$

基于数值模拟模型计算求得的某点的地下水水位（或某条线上的平均水位）往往与监测井所对应位置的实测水位之间存在一定的误差。产生误差的原因是多方面的，包括数值计算本身的误差、模型简化误差、监测井成井带来的误差、监测误差等。因此，为了从宏观上和流场整体上能正确模拟实际地下水运动介质透水性的空间分布，消除由于个别点的误差而影响整个计算结果的精度的问题，将每个地下水监测井水位和模拟水位之差乘上权函数，使数值模拟在整体上满足精度控制要求。

假设评价区域内有 n 个观测孔，第 i 个地下水监测井的实测水位为 H_i^o，相应的模拟水位为 H_i^c，定义权函数：

$$\omega_i = \frac{|H_i^o - H_i^c|}{\sum_{i=1}^{n}\sqrt{(H_i^o - H_i^c)^2}} \tag{4-12}$$

当拟合精度 RMSE(K_j^i) 达到预设精度时，模型试错校正终止，输出各分区校正参数。

为了验证反演模型的正确性，选取模拟区 26 个地下水监测井的水位作为实测值（监测井位置如图 4.25 所示），同时也模拟了这些监测井位置的水位，利用它们的模拟值和实测值进行拟合，拟合曲线见图 4.26。

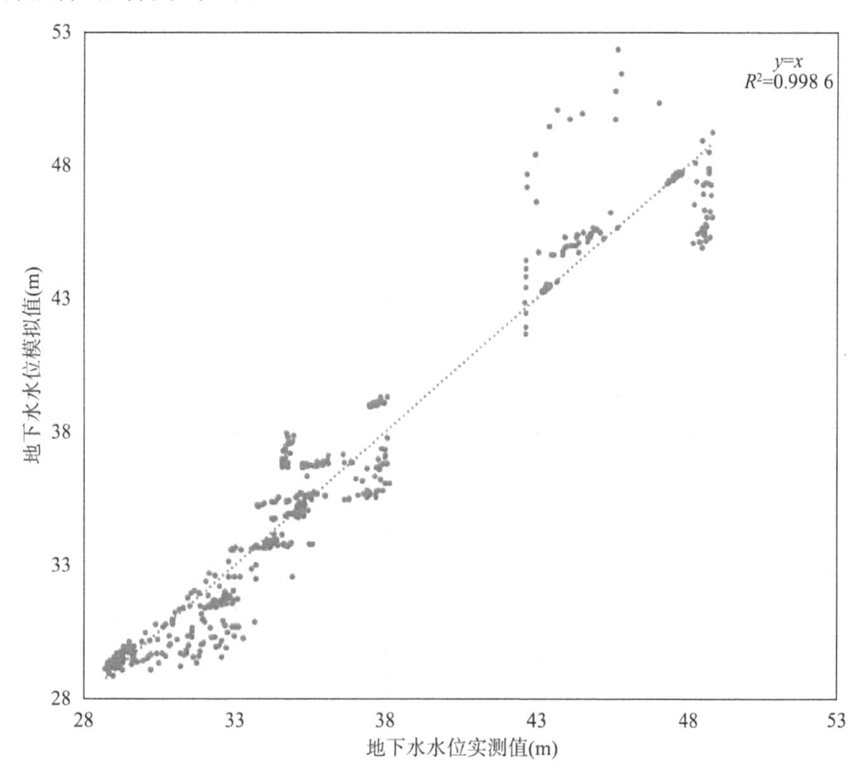

图 4.25　花山水文实验流域地下水实测水位与模拟水位散点图

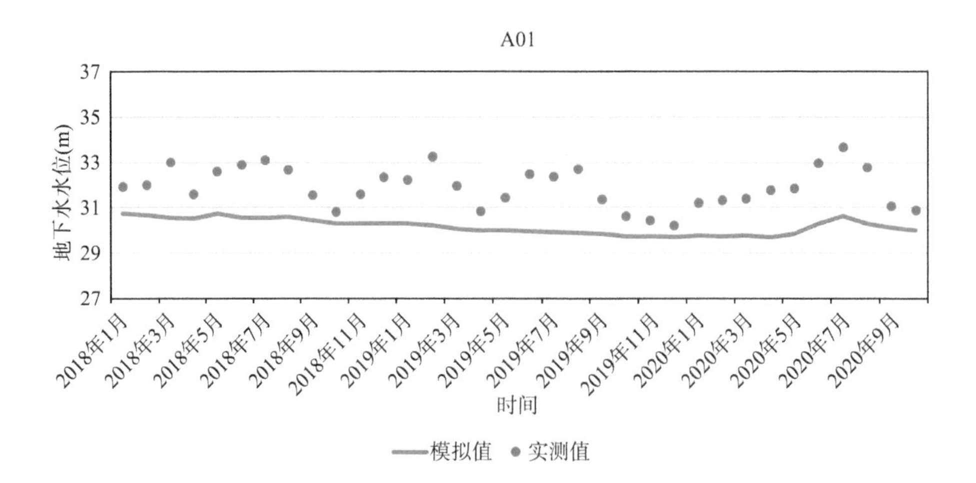
A01
37
35
33
31
29
27
地下水水位(m)
2018年1月
2018年3月
2018年5月
2018年7月
2018年9月
2018年11月
2019年1月
2019年3月
2019年5月
2019年7月
2019年9月
2019年11月
2020年1月
2020年3月
2020年5月
2020年7月
2020年9月
时间
模拟值
实测值

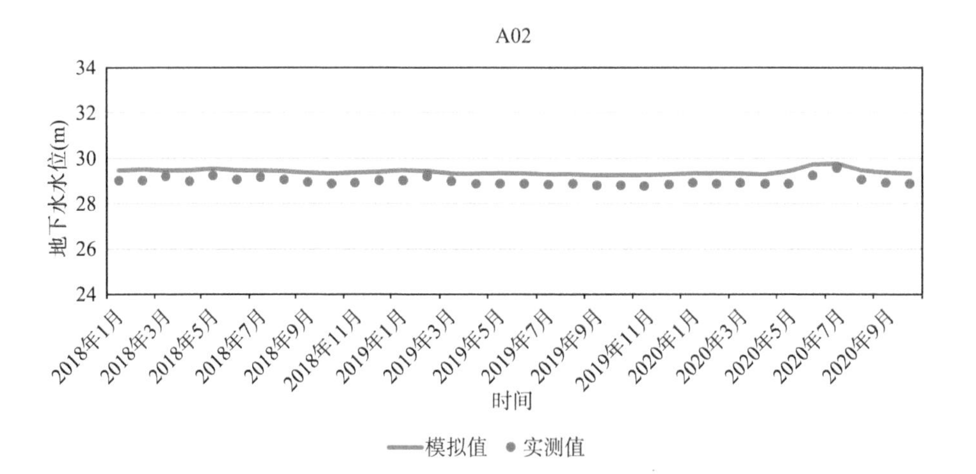
A02
34
32
30
28
26
24
地下水水位(m)
2018年1月
2018年3月
2018年5月
2018年7月
2018年9月
2018年11月
2019年1月
2019年3月
2019年5月
2019年7月
2019年9月
2019年11月
2020年1月
2020年3月
2020年5月
2020年7月
2020年9月
时间
模拟值
实测值

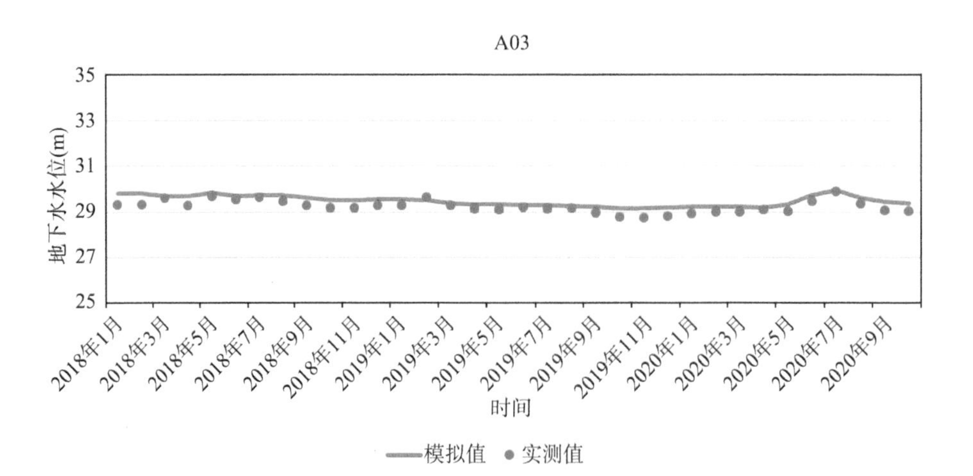
A03
35
33
31
29
27
25
地下水水位(m)
2018年1月
2018年3月
2018年5月
2018年7月
2018年9月
2018年11月
2019年1月
2019年3月
2019年5月
2019年7月
2019年9月
2019年11月
2020年1月
2020年3月
2020年5月
2020年7月
2020年9月
时间
模拟值
实测值

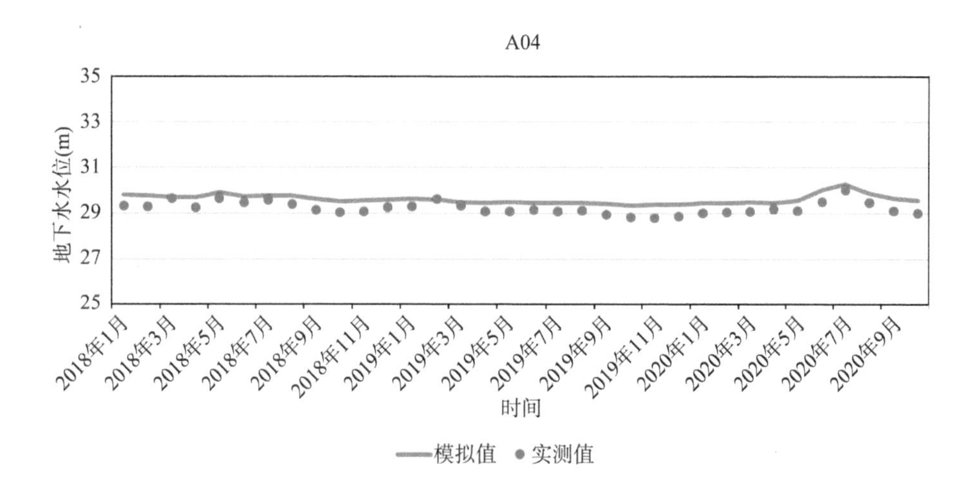
A04
35
33
31
29
27
25
地下水水位(m)
2018年1月
2018年3月
2018年5月
2018年7月
2018年9月
2018年11月
2019年1月
2019年3月
2019年5月
2019年7月
2019年9月
2019年11月
2020年1月
2020年3月
2020年5月
2020年7月
2020年9月
时间
模拟值
实测值

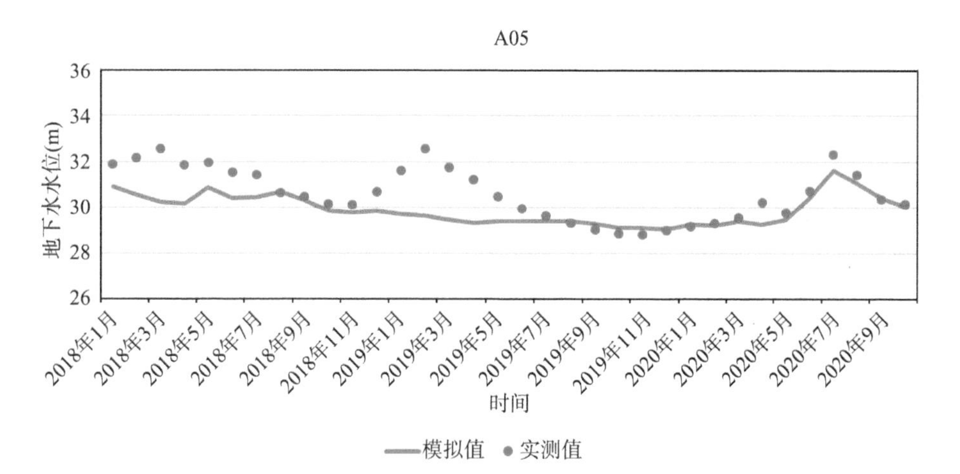
A05
36
34
32
30
28
26
地下水水位(m)
2018年1月
2018年3月
2018年5月
2018年7月
2018年9月
2018年11月
2019年1月
2019年3月
2019年5月
2019年7月
2019年9月
2019年11月
2020年1月
2020年3月
2020年5月
2020年7月
2020年9月
时间
模拟值
实测值

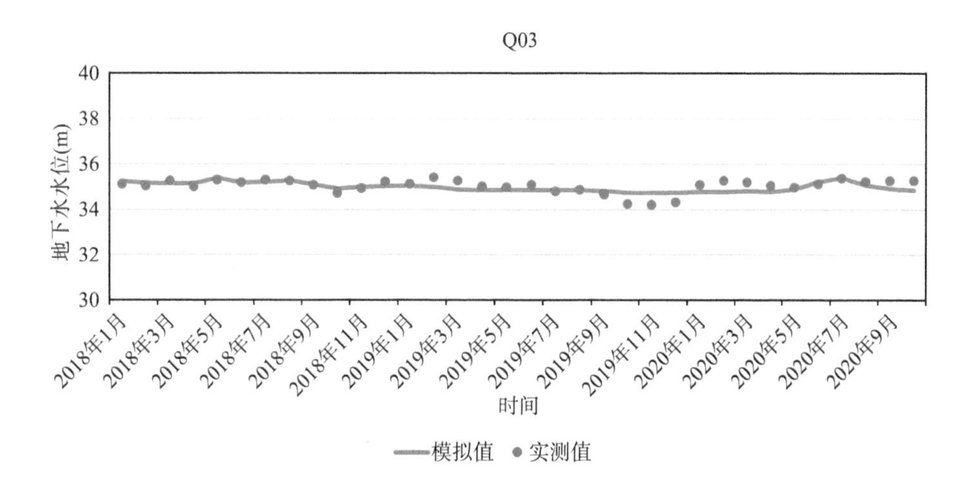
Q03
40
38
36
34
32
30
地下水水位(m)
2018年1月
2018年3月
2018年5月
2018年7月
2018年9月
2018年11月
2019年1月
2019年3月
2019年5月
2019年7月
2019年9月
2019年11月
2020年1月
2020年3月
2020年5月
2020年7月
2020年9月
时间
模拟值
实测值

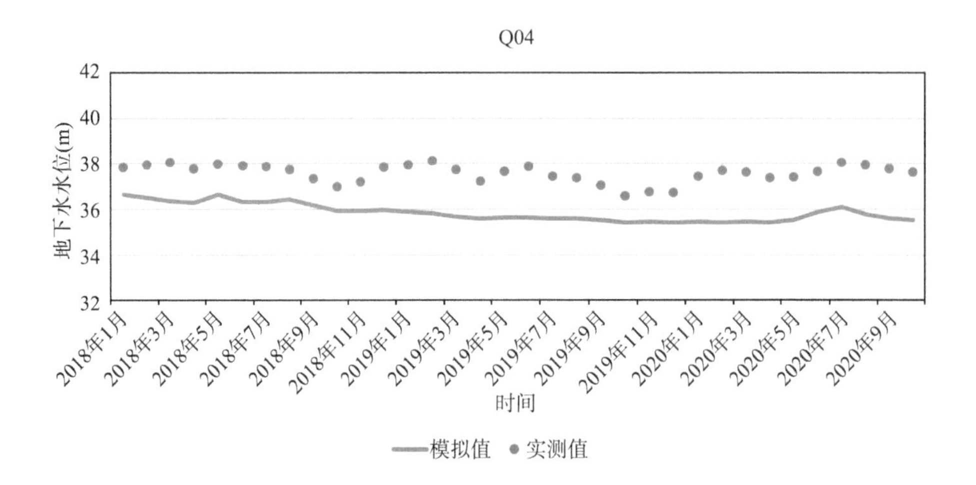
Q04
42
40
38
36
34
32
地下水水位(m)
2018年1月
2018年3月
2018年5月
2018年7月
2018年9月
2018年11月
2019年1月
2019年3月
2019年5月
2019年7月
2019年9月
2019年11月
2020年1月
2020年3月
2020年5月
2020年7月
2020年9月
时间
模拟值
实测值

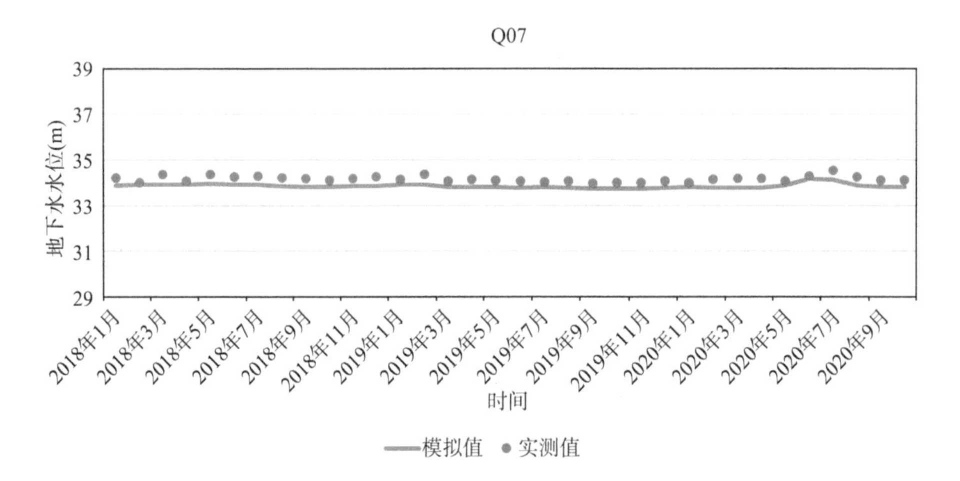
Q07
39
37
35
33
31
29
地下水水位(m)
2018年1月
2018年3月
2018年5月
2018年7月
2018年9月
2018年11月
2019年1月
2019年3月
2019年5月
2019年7月
2019年9月
2019年11月
2020年1月
2020年3月
2020年5月
2020年7月
2020年9月
时间
模拟值
实测值

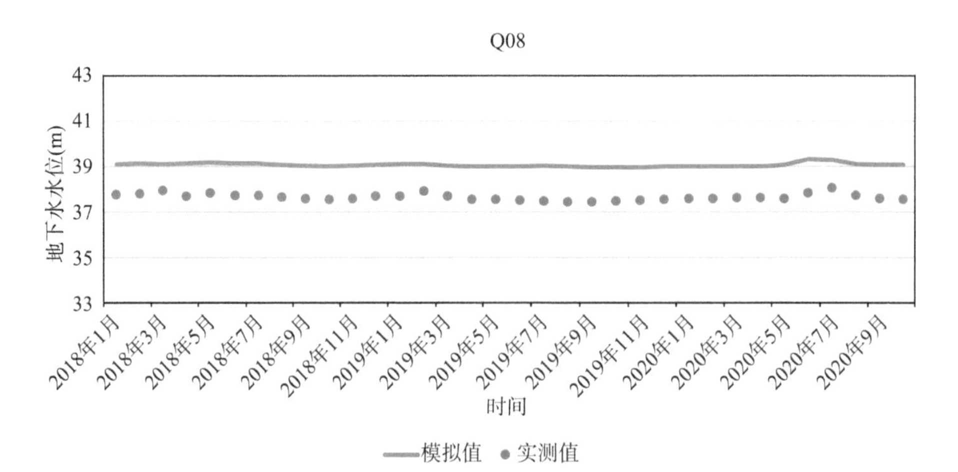
Q08
43
41
39
37
35
33
地下水水位(m)
2018年1月
2018年3月
2018年5月
2018年7月
2018年9月
2018年11月
2019年1月
2019年3月
2019年5月
2019年7月
2019年9月
2019年11月
2020年1月
2020年3月
2020年5月
2020年7月
2020年9月
时间
模拟值
实测值

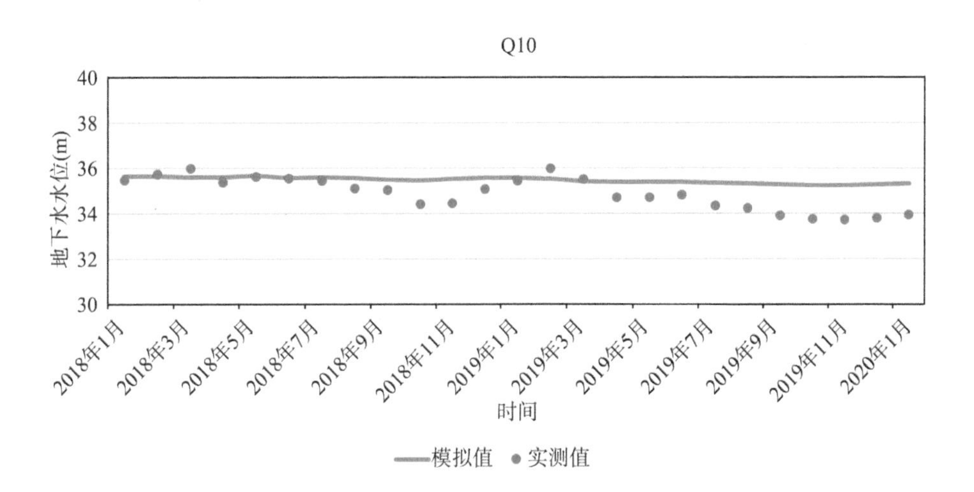
Q10
40
38
36
34
32
30
地下水水位(m)
2018年1月
2018年3月
2018年5月
2018年7月
2018年9月
2018年11月
2019年1月
2019年3月
2019年5月
2019年7月
2019年9月
2019年11月
2020年1月
时间
模拟值
实测值

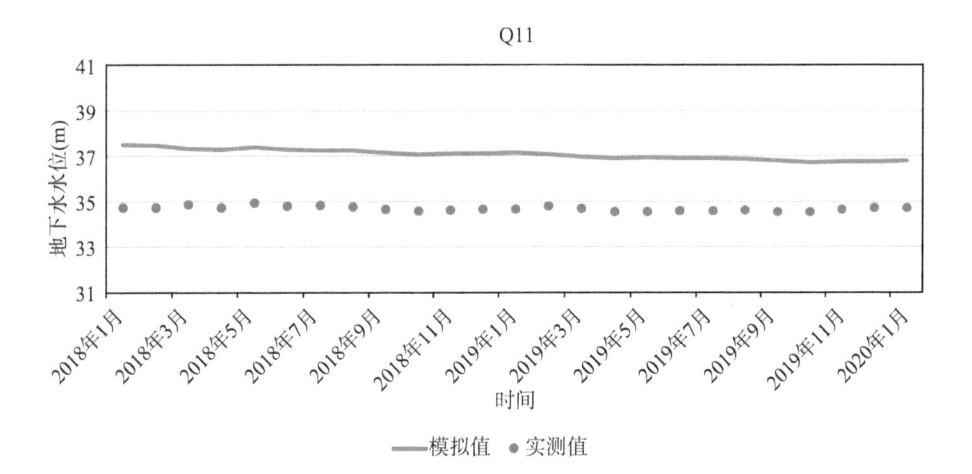
Q11
41
39
37
35
33
31
地下水水位(m)
2018年1月
2018年3月
2018年5月
2018年7月
2018年9月
2018年11月
2019年1月
2019年3月
2019年5月
2019年7月
2019年9月
2019年11月
2020年1月
时间
模拟值
实测值

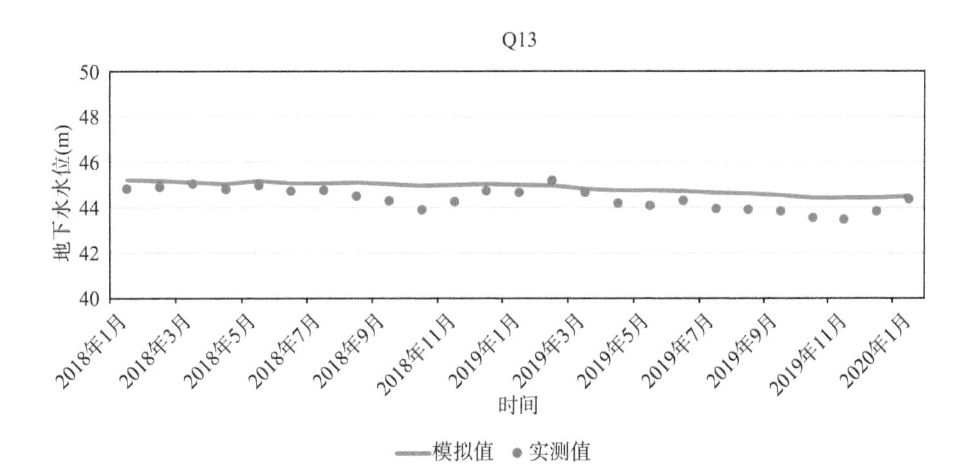
Q13
50
48
46
44
42
40
地下水水位(m)
2018年1月
2018年3月
2018年5月
2018年7月
2018年9月
2018年11月
2019年1月
2019年3月
2019年5月
2019年7月
2019年9月
2019年11月
2020年1月
时间
模拟值
实测值

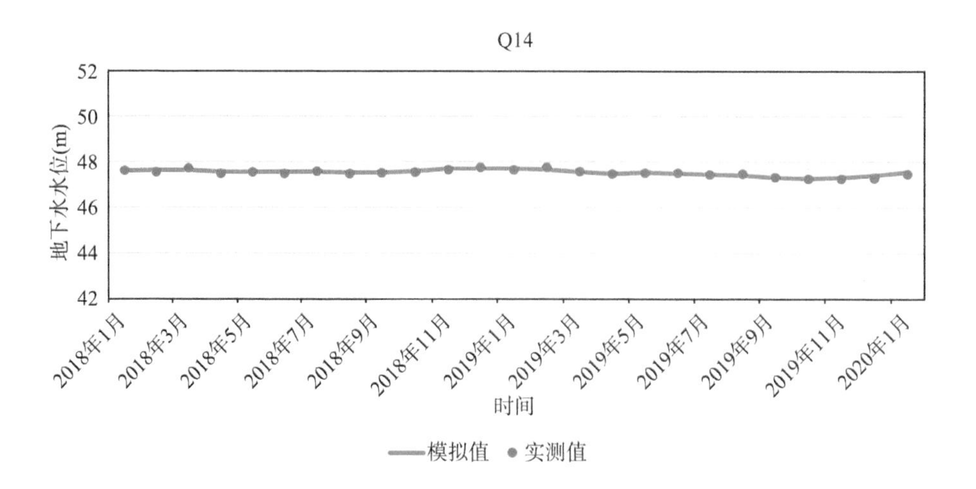
Q14
52
50
48
46
44
42
地下水水位(m)
2018年1月
2018年3月
2018年5月
2018年7月
2018年9月
2018年11月
2019年1月
2019年3月
2019年5月
2019年7月
2019年9月
2019年11月
2020年1月
时间
模拟值
实测值

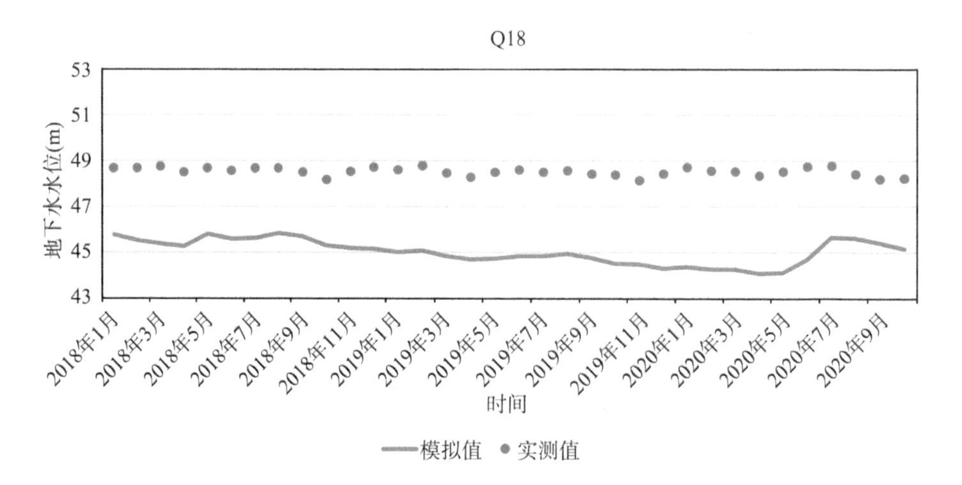
Q18
53
51
49
47
45
43
地下水水位(m)
2018年1月
2018年3月
2018年5月
2018年7月
2018年9月
2018年11月
2019年1月
2019年3月
2019年5月
2019年7月
2019年9月
2019年11月
2020年1月
2020年3月
2020年5月
2020年7月
2020年9月
时间
模拟值
实测值

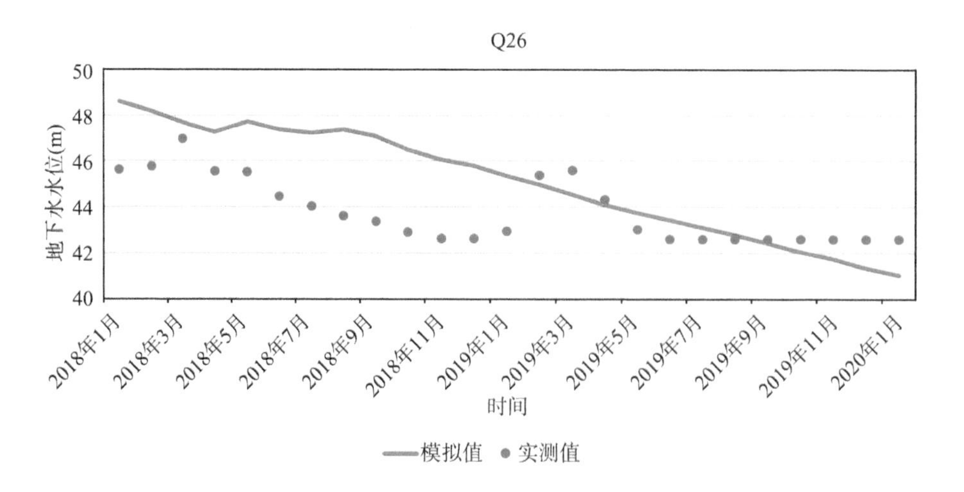
Q26
50
48
46
44
42
40
地下水水位(m)
2018年1月
2018年3月
2018年5月
2018年7月
2018年9月
2018年11月
2019年1月
2019年3月
2019年5月
2019年7月
2019年9月
2019年11月
2020年1月
时间
模拟值
实测值

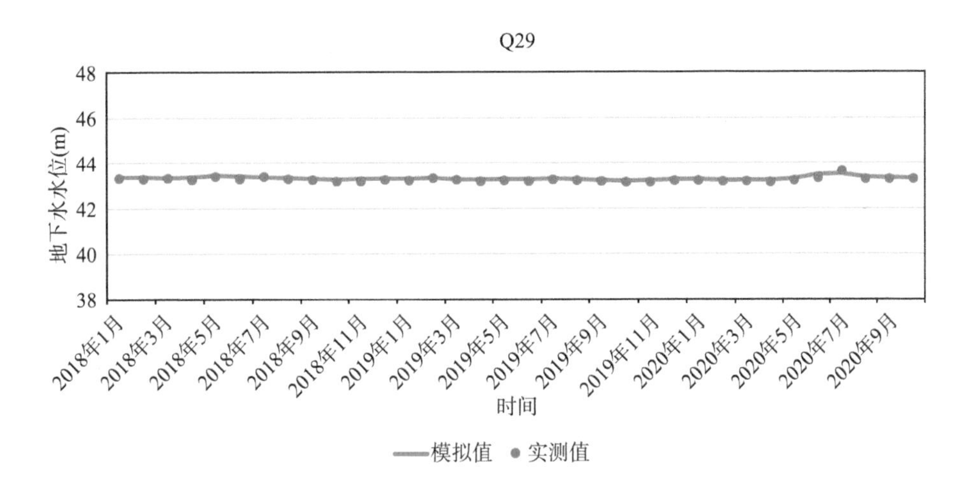
Q29
48
46
44
42
40
38
地下水水位(m)
2018年1月
2018年3月
2018年5月
2018年7月
2018年9月
2018年11月
2019年1月
2019年3月
2019年5月
2019年7月
2019年9月
2019年11月
2020年1月
2020年3月
2020年5月
2020年7月
2020年9月
时间
模拟值
实测值

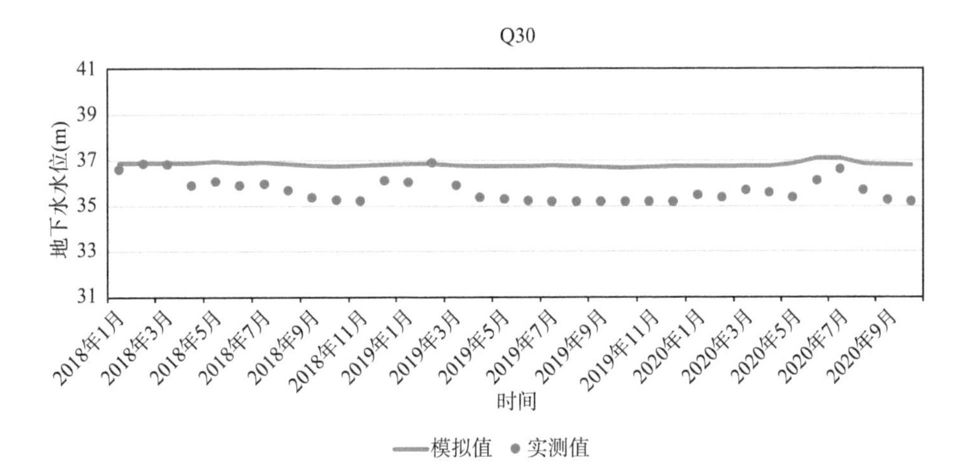
Q30
41
39
37
35
33
31
地下水水位(m)
2018年1月
2018年3月
2018年5月
2018年7月
2018年9月
2018年11月
2019年1月
2019年3月
2019年5月
2019年7月
2019年9月
2019年11月
2020年1月
2020年3月
2020年5月
2020年7月
2020年9月
时间
模拟值
实测值

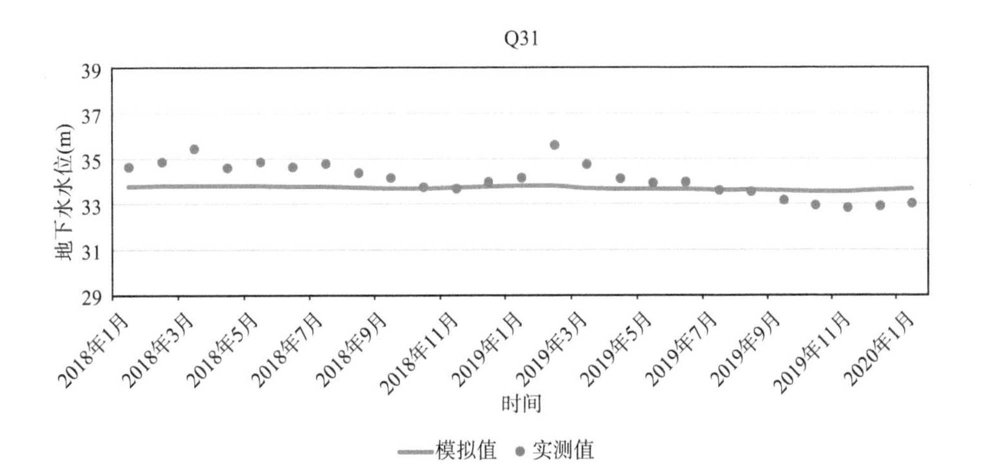
Q31
39
37
35
33
31
29
地下水水位(m)
2018年1月
2018年3月
2018年5月
2018年7月
2018年9月
2018年11月
2019年1月
2019年3月
2019年5月
2019年7月
2019年9月
2019年11月
2020年1月
时间
模拟值
实测值

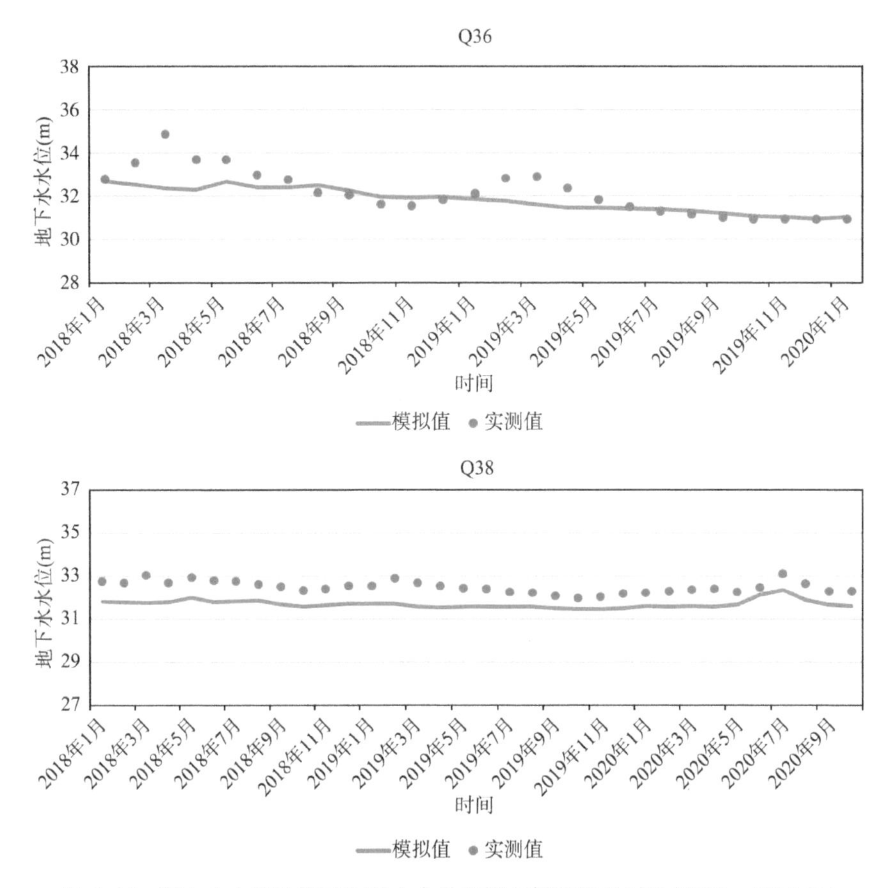

图 4.26　花山水文实验流域地下水水位实测与模拟结果对比(2018—2020 年)

总体来说,模型的识别结果较好,各地下水监测井水位模拟结果与实测结果相差 0.5 m 以内,通过模拟区全部地下水监测井水位模拟值与实测值水位的对比图,可以计算出 $R^2=0.9986$,所构建的花山水文实验流域第四系覆盖层地下水数值模拟模型的仿真度较高。但在局部时间段由于地下水监测井水位变动较大,模型模拟与实测值拟合效果一般,主要原因是模型的降水项是以月尺度的时间频率输入的,因此,不能较好地反映某些极端降水时段地下水水位的变化。

4.4.3　降水入渗补给量模拟

为分析花山水文实验流域不同片区的降水入渗补给量的空间分布特征,本节结合花山水文实验流域第四系覆盖层的水系特征,将整个区域分成包含主要河流的东中西源 3 个区域,具体的空间分布如图 4.27 所示。

利用识别与校验过的模型,进行模拟区的降水入渗补给量研究,根据前述分析结果降水入渗补给量的大小与降水量呈正相关。其中,最大的降水入渗补给量都出现在 2020 年 7 月;最小的降水入渗补给量西源出现在 2019 年 8 月,东源和中源则出现在 2019 年 10 月。这从侧面说明了降水入渗补给量不仅取决于降水量的大小,还与土壤初始含水量等因素相关(表 4-13)。

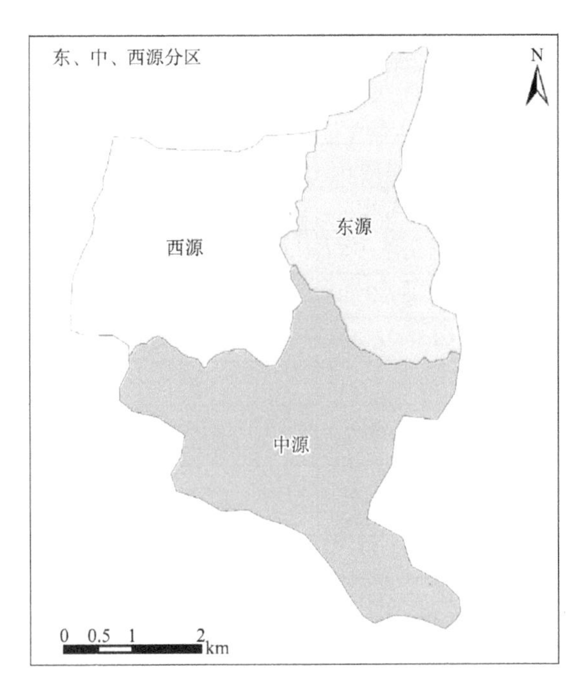

图 4.27　花山水文实验流域数值模拟区分区图

表 4-13　花山水文实验流域分区降水入渗补给量

日期	降水量(mm)	西源入渗补给量(m^3/a)	东源入渗补给量(m^3/a)	中源入渗补给量(m^3/a)	降水入渗补给总量(m^3/a)
2018 年 1 月	20.2	58 706.81	70 747.64	16 222.33	145 676.78
2018 年 2 月	35.7	22 015.35	26 530.68	6 083.45	54 629.48
2018 年 3 月	98.8	59 335.27	71 506.71	16 398.38	147 240.36
2018 年 4 月	68.5	41 392.98	49 879.08	11 441.39	102 713.45
2018 年 5 月	296.9	166 129.90	200 188.70	45 919.77	412 238.37
2018 年 6 月	160.8	35 386.20	42 640.86	9 781.06	87 808.12
2018 年 7 月	153.7	85 444.87	102 962.16	23 617.72	212 024.75
2018 年 8 月	283.1	121 066.53	145 886.74	33 463.85	300 417.12
2018 年 9 月	48.5	53 465.94	64 419.27	14 778.45	132 663.66
2018 年 10 月	9.4	7 570.14	9 119.90	2 092.45	18 782.49
2018 年 11 月	74.8	46 329.24	55 793.67	12 805.80	114 928.71
2018 年 12 月	85.1	57 907.50	69 737.26	16 006.14	143 650.90
2019 年 1 月	48.8	19 047.14	29 105.16	6 228.98	54 381.28
2019 年 2 月	83	33 335.68	50 918.78	10 901.76	95 156.22
2019 年 3 月	19.7	7 877.46	12 019.56	2 576.16	22 473.18
2019 年 4 月	36.9	13 918.63	21 225.86	4 551.81	39 696.30
2019 年 5 月	74.3	27 857.46	42 482.56	9 110.22	79 450.24

续表

日期	降水量(mm)	西源入渗补给量(m^3/a)	东源入渗补给量(m^3/a)	中源入渗补给量(m^3/a)	降水入渗补给总量(m^3/a)
2019 年 6 月	87.9	35 084.16	53 503.20	11 473.56	100 060.92
2019 年 7 月	67	26 676.01	40 680.80	8 723.86	76 080.67
2019 年 8 月	101.8	36 921.74	56 305.61	12 074.53	105 301.88
2019 年 9 月	31.3	12 538.27	19 105.40	4 100.39	35 744.06
2019 年 10 月	3.6	3 277.77	4 993.22	1 071.93	9 342.92
2019 年 11 月	44.8	18 098.05	27 569.80	5 918.60	51 586.45
2019 年 12 月	29.6	9 923.38	15 116.84	3 245.24	28 285.46
2020 年 1 月	113.2	26 336.58	37 484.83	10 908.32	74 729.73
2020 年 2 月	37.9	9 527.60	13 560.61	3 946.22	27 034.43
2020 年 3 月	91.8	20 674.82	29 426.48	8 563.28	58 664.58
2020 年 4 月	21.9	6 086.17	8 662.43	2 520.82	17 269.42
2020 年 5 月	77.3	20 955.00	29 825.20	8 679.31	59 459.51
2020 年 6 月	330.9	65 962.20	93 883.89	27 320.76	187 166.85
2020 年 7 月	411.6	107 598.71	153 145.08	44 566.13	305 309.92
2020 年 8 月	146.9	35 979.72	51 209.86	14 902.35	102 091.93
2020 年 9 月	69.5	18 357.05	26 127.56	7 603.28	52 087.89
2020 年 10 月	47.7	12 147.69	17 289.54	5 031.43	34 468.66

花山水文实验流域 2018—2020 年单次最大次降水对流域内地下水水位影响结果见图 4.28～图 4.30，2018—2020 年逐月降水入渗补给量计算结果见图 4.31。

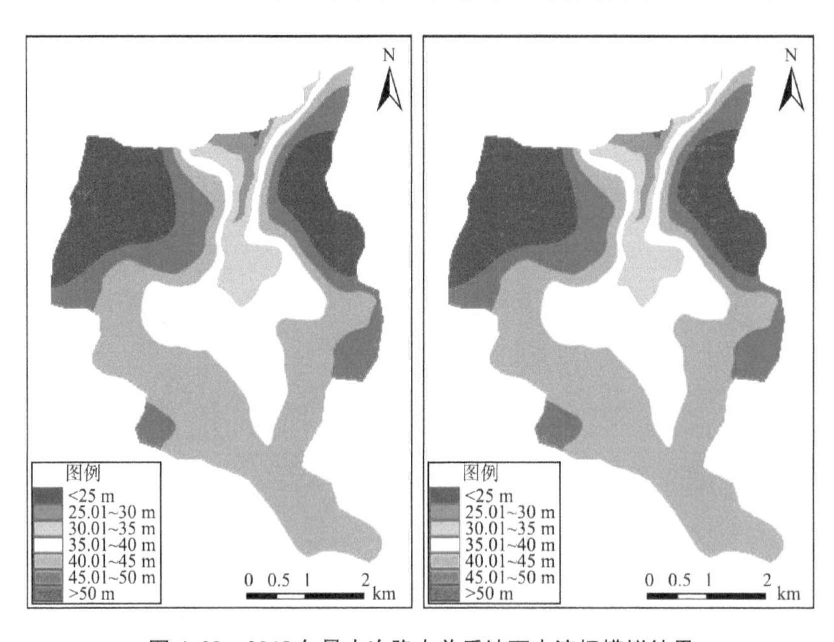

图 4.28 2018 年最大次降水前后地下水流场模拟结果

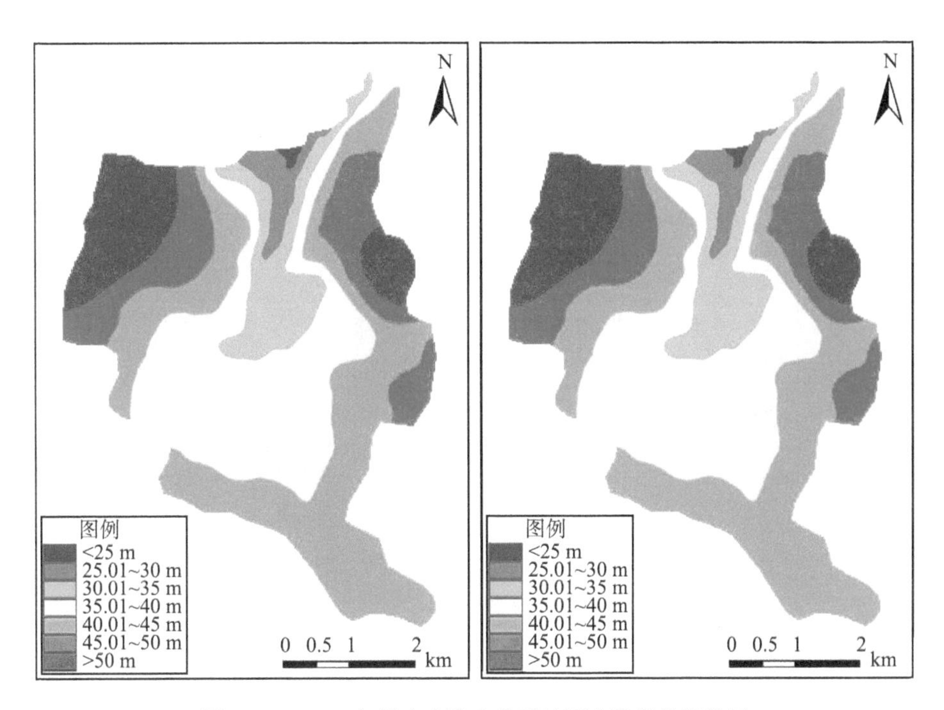

图 4.29 2019 年最大次降水前后地下水流场模拟结果

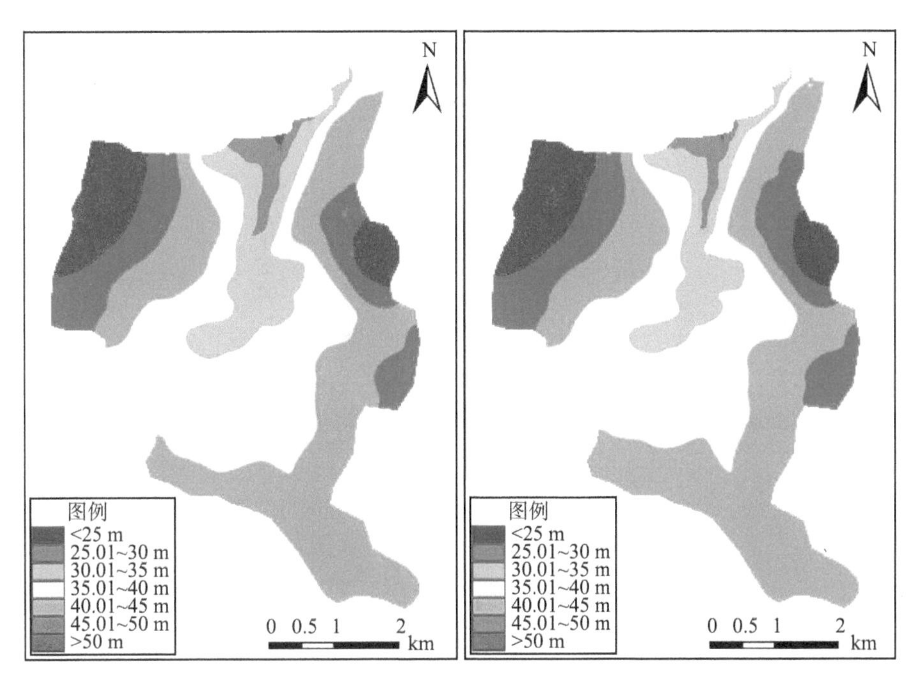

图 4.30 2020 年最大次降水前后地下水流场模拟结果

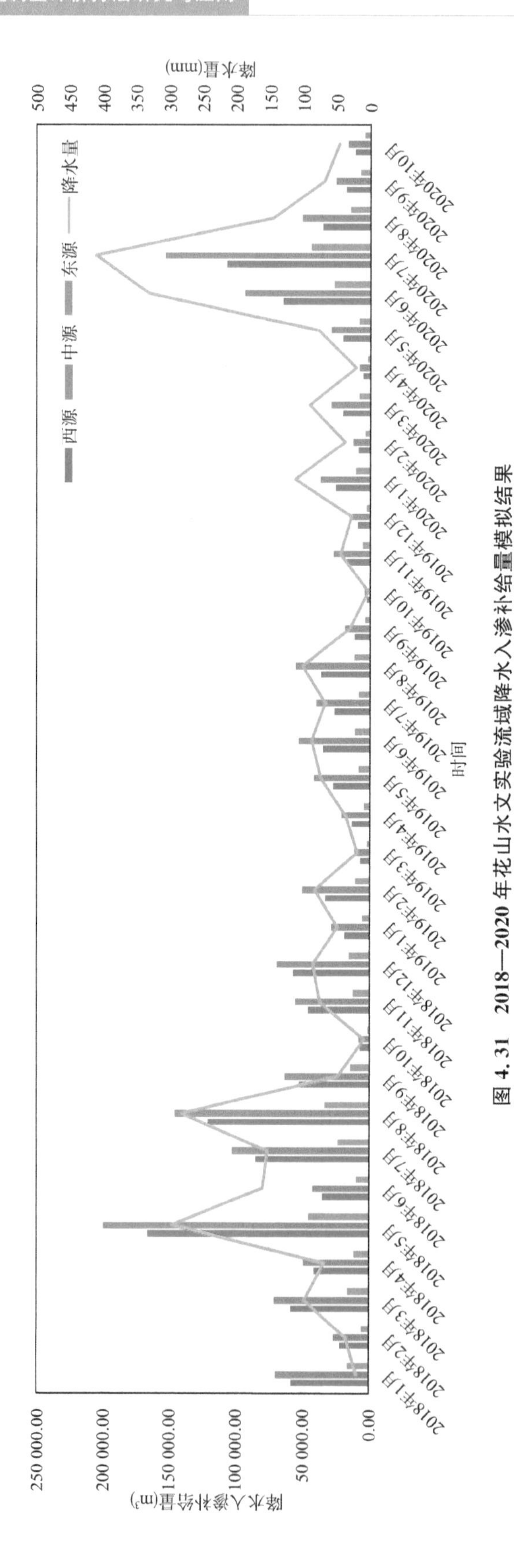

图 4.31　2018—2020 年花山水文实验流域降水入渗补给量模拟结果

4.5　不同技术方法的对比分析

本节对不同调查评价方法确定花山水文实验流域和涡河流域降水入渗补给量和降水入渗补给系数的结果进行比较，分析各种技术方法的差异性，对比结果见表4-14。选择花山水文实验流域同一均衡区，计算降水入渗补给量，从技术方法、数据获取、计算成果和优缺点等方面对地下水动态法、土壤水监测法、水均衡法、同位素检测法、数值模拟法进行了综合对比分析。

(1) 地下水动态法

花山水文实验流域2017年开始对第四系覆盖层进行了监测，建设浅层地下水监测井38眼(2018—2020年运行26眼)，监测频次为1次/30 min，降水量监测频次为1次/1 min，降水量和地下水水位的高精度实时监测，保障了流域不同区域降水过后地下水水位动态的精确捕捉，有助于准确计算次降水入渗补给系数。地下水动态法中除了需要对降水量和地下水水位进行监测，还需要获得潜水含水层给水度才能计算出降水入渗补给系数。不同岩性在不同年降水量条件下年地下水埋深与年降水入渗补给系数的研究成果均比较丰富，2019—2020年在花山水文实验流域28眼浅层地下水监测井中实施注水式和提水式振荡试验，根据短时间(15～20 min)内对测试主井中地下水水位的高频次(1次/1 s)监测，现场原位确定了花山水文实验流域不同区域潜水含水层给水度、渗透系数和贮水率。

根据地下水水位、降水量和给水度数据，可以计算花山水文实验流域不同位置次降水入渗补给系数，2018年1月—2020年10月大于20 mm的降水场次共计37次，不同位置地下水监测井共计26眼，故在花山水文实验流域第四系覆盖层共计算了962组次降水入渗补给系数。2018年不同区域降水入渗补给系数范围为0.03～0.33，全区平均值为0.08；2019年不同区域降水入渗补给系数范围为0.02～0.21，全区平均值为0.06；2020年不同区域降水入渗补给系数范围为0.001～0.14，全区平均值为0.05。

根据2018年17次有效降水(累计1 117.6 mm)，计算花山水文实验流域第四系覆盖层均衡区降水入渗补给量为185.96万m^3；根据2019年10次有效降水(累计409.1 mm)，计算花山水文实验流域第四系覆盖层均衡区降水入渗补给量为47.14万m^3；根据2020年10次有效降水(累计1 083.3 mm)，计算花山水文实验流域第四系覆盖层均衡区降水入渗补给量为104.3万m^3。

地下水动态法可以获取流域内不同区域、不同时段次降水入渗补给系数，有助于统计分析降水量、地下水埋深和地形坡度等因素对降水入渗补给系数的影响，而且可以分析不同降水条件下年际降水入渗补给量的变化；但是地下水动态法在识别地下水水位的上升是否由降水入渗补给造成的过程中存在人为因素的误差，尤其是地下水埋深较大、水位变化存在明显滞后，或者地下水水位受人工开采或地表水影响等条件下，往往无法准确计算直接由降水入渗补给造成的地下水水位变化值。

(2) 土壤水监测法

土壤水监测法包括称重式蒸渗仪和土壤剖面的原位监测两种方法。称重式蒸渗仪可以通过土体的质量变化直接获得实验土体蒸发量，通过监测土体渗漏总量计算实验土体中降水入渗补给量，监测频次为 1 次/1 min。土壤剖面原位监测主要利用土壤多参数测量探头实时记录土壤含水率、温度和电导率，监测频率为 1 次/5 min。

根据花山水文实验流域气象场中 2018 年土体蒸发量和渗漏量计算了 2018 年降水入渗补给系数为 0.067～0.085，若将该降水入渗补给系数作为流域内第四系覆盖层平均入渗系数，可计算出花山水文实验流域（均衡区）降水入渗补给量为 183.4 万～231.14 万 m^3。根据花山水文实验流域气象场中 2019—2020 年多次降水后土壤含水率变化，利用零通量法计算了 2019 年次降水入渗补给系数范围为 0.04～0.05，2020 年次降水入渗补给系数范围为 0.03～0.23；利用单次降水入渗补给系数估算得到 2019 年花山水文实验流域第四系覆盖层研究区（均衡区）降水入渗补给量为 35.34 万～41.60 万 m^3，2020 年花山水文实验流域第四系覆盖层研究区（均衡区）降水入渗补给量为 72.56 万～519.36 万 m^3。

称重式蒸渗仪技术是评价降水入渗补给量最为直接的技术，但降水入渗补给量和补给系数受实验土体类型和尺度的限制，降水入渗补给量和补给系数往往没法代表流域全部区域，并且小范围人工控制地下水水位的土体无法真实模拟地下水的侧向流动；土壤水原位监测技术可以克服称重式蒸渗仪中土体扰动的缺点，真实记录降水入渗补给过程中土壤含水率、温度和电导率的连续变化，有助于研究降水入渗补给过程中包气带水分运移机理，但是受土壤水势测量精度和监测层位分散等影响，根据含水率剖面分布估算的降水入渗补给量和补给系数误差较大。

（3）水均衡法

利用水均衡法确定降水入渗补给量和补给系数，需要准确获取和计算水均衡过程中其他的补给和排泄项，花山水文实验流域第四系覆盖层地下水资源均衡计算主要包括潜水蒸发量、地表水—地下水交换量、浅层地下水储量变化。

根据花山水文实验流域 2018—2019 年地表水水位监测、地下水水位监测、水面蒸发监测等数据，计算了 2018 年花山水文实验流域第四系覆盖层均衡区降水入渗补给量为 227.79 万 m^3（年降水入渗补给系数平均值为 0.13），2019 年花山水文实验流域第四系覆盖层均衡区降水入渗补给量为 189.79 万 m^3（年降水入渗补给系数平均值为 0.20）。

水均衡法是一种间接确定降水入渗补给量和补给系数的方法，计算结果的精度取决于其他均衡项计算的精度，在实际计算过程中，潜水蒸发量、地表水—地下水交换量和地下水储量的确定均非常复杂，其他均衡项的不确定性使得降水入渗补给量和补给系数的误差非常大。2019 年花山水文实验流域在降水量较小和地下水埋深较大条件下，利用水均衡方法明显高估了降水入渗补给量和补给系数。

（4）同位素检测法

同位素检测法常用于干旱—半干旱地区包气带中降水入渗过程的研究，在地下水资源调查评价的实际工作中应用较少。在花山水文实验流域测定了地下水、地表水和降水中的 ^{2}H 和 ^{18}O 同位素；在涡河流域测定了浅层地下水和深层地下水中的 ^{3}H 同位素。

在花山水文实验流域应用水化学与同位素结合的端元法，推估出 2020 年花山水文实验流域地表水渗漏补给量约占 29%，降水入渗补给浅层地下水比例约占 71%，很难通过端元法确定的相对比例计算降水入渗补给量。在涡河流域测定了降水氚同位素、浅层地下水和深层地下水氚同位素，利用活塞模型定量化计算了主要接受降水入渗补给的浅层地下水对深层地下水的补给速率。

（5）数值模拟法

数值模拟法主要基于有限单元法或有限差分法，构建目标流域的三维地下水数值模拟模型。花山水文实验流域根据降水入渗补给系数、潜水含水层给水度、贮水系数、渗透系数等可以构建合理的水文地质模型，降水入渗补给系数通过地下水动态法计算，潜水含水层给水度、贮水率、渗透系数通过实施振荡试验直接获取，数值模拟模型可以充分反映花山水文实验流域的非均质性，地下水数值模拟模型也同时考虑了地表水—地下水交换。

采用花山水文实验流域第四系覆盖层均衡区地下水数值模型，模拟了2018—2020年均衡区降水入渗补给量、潜水蒸发量和地表水—地下水交换量。2018年均衡区降水入渗补给量为187.31万m^3；2019年均衡区降水入渗补给量为69.77万m^3；2020年均衡区降水入渗补给量为91.83万m^3。2018年均衡区地下水累计补给地表水56.18万m^3，约占降水入渗补给量的30.0%；2019年均衡区地下水累计补给地表水0.54万m^3，约占降水入渗补给量的0.77%；2020年1—10月均衡区地表水累计补给地下水3.56万m^3。

利用地下水数值模拟模型，可以直观分析研究不同均衡项随时间的变化过程，但是地表水监测数据的缺乏和地下水流数值模型侧向边界的概化将对数值模拟模型参数的率定和降水入渗补给量计算等结果造成较大影响。

表4-14 基于不同技术方法的花山水文实验流域降水入渗补给量和补给系数评价结果

方法	技术	降水入渗补给量	降水入渗补给系数
地下水动态法	长序列降水监测、地下水监测、振荡试验获取给水度技术	2018年降水入渗补给量为185.96万m^3；2019年降水入渗补给量为47.14万m^3；2020年1—10月降水入渗补给量为104.3万m^3	2018年降水入渗补给系数平均值为0.08 2019年降水入渗补给系数平均值为0.06 2020年降水入渗补给系数平均值为0.05
土壤水监测法	称重式蒸渗仪技术	2018全年降水入渗补给量范围183.4万～231.14万m^3	2018全年降水入渗补给系数范围0.067～0.085
	土壤水原位监测技术	2019年次降水入渗补给量范围35.34万～41.60万m^3 2020年次降水入渗补给量范围72.56万～519.36万m^3	2019年次降水入渗补给系数范围0.04～0.05 2020年次降水入渗补给系数范围0.03～0.23
水均衡法	蒸发测定、地表水—地下水交互确定、地下水储量计算	2018年降水入渗补给量为227.79万m^3 2019年降水入渗补给量为189.79万m^3	2018年降水入渗补给系数平均值为0.13 2019年降水入渗补给系数平均值为0.20
同位素检测法	稳定同位素检测技术（氢氧）	2020年河道渗漏补给量占比29%，降水入渗补给量占比71%	—
	放射性同位素检测技术（氚）	2019年涡河流域深层地下水年更新率0.36%～2.0%	—

续表

方法	技术	降水入渗补给量	降水入渗补给系数
数值模拟法	水文地质参数原位测试技术，水文地质模型构建	2018 年降水入渗补给量为 187.31 万 m^3 2019 年降水入渗补给量为 69.77 万 m^3 2020 年 1—10 月降水入渗补给量为 91.83 万 m^3	数值模拟模型直接使用地下水动态法确定的降水入渗补给系数成果

注：降水入渗补给量计算范围均使用花山水文实验流域部分区域（即均衡区，面积为 20.4 km^2）。

综合前述计算和评价成果，本节根据降水入渗补给量调查评价技术方法的特征，提出了降水入渗补给量调查评价方法应用建议，方法体系见图 4.32。

若评价目标区域的面积较小，降水量、地下水水位、地表水监测状况较好（监测站点较多、监测频率较高），水文地质参数（给水度、渗透系数、贮水率）可以直接测定，建议使用地下水动态法直接确定次降水入渗补给系数和年降水入渗补给系数，根据降水入渗补给系数和区域面积可以直接评价降水入渗补给量；基于水文地质条件、补—径—排关系和水文地质参数等构建评价目标区水文地质概念模型和地表水—地下水数值模拟模型，利用地下水水位对数值模拟模型进行校正和检验之后，可以利用数值模拟模型评价地下水资源的多种源汇项（降水入渗补给、潜水蒸发、地表水—地下水交换、含水层侧向补给等），并且结合未来气候变化预测结果和地下水开采需求对降水入渗补给量进行预测。

若评价目标区域的面积较大，降水量、地下水水位、地表水监测资料较为缺乏，建议使用水均衡法和同位素检测法对降水入渗补给量进行估算，利用地下水动态法等提高水均衡方法中地下水储量变化和地表水—地下水交换量的评价精度。

利用土壤水监测法（地中蒸渗仪和土壤水原位监测技术）对包气带中降水入渗过程机理进行研究，并且利用监测结果对降水入渗补给系数等参数进行校验。

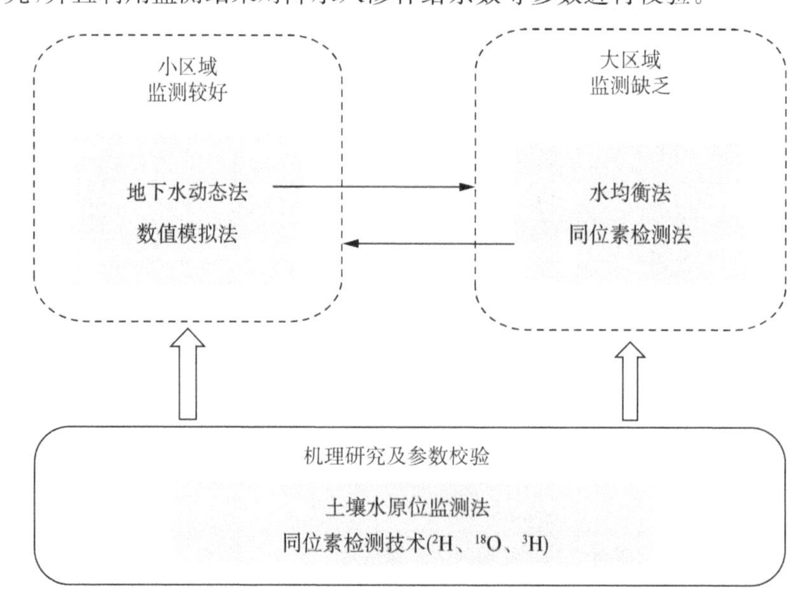

图 4.32　降水入渗补给量调查评价方法应用建议

4.6 本章小结

本章对不同技术方法评价的花山水文实验流域和涡河流域降水入渗补给量和降水入渗补给系数的结果进行比较，分析各种技术方法的差异性。从技术方法、数据获取、计算成果和优缺点等方面对地下水动态法、土壤水监测法、水均衡法、同位素检测法、数值模拟法进行了综合对比分析。

利用地下水水位、降水量和给水度数据，可以计算花山水文实验流域不同位置次降水入渗补给系数，2018年1月—2020年10月大于20 mm的降水场次共计37次，不同位置地下水监测井共计26眼，故在花山水文实验流域第四系覆盖层共计算了962组次降水入渗补给系数。2018年不同区域降水入渗补给系数范围为0.03～0.33，全区平均值为0.08；2019年不同区域降水入渗补给系数范围为0.02～0.21，全区平均值为0.06；2020年不同区域降水入渗补给系数范围为0.001～0.14，全区平均值为0.05。

利用2018年17次有效降水(累计1 117.6 mm)，计算了花山水文实验流域第四系覆盖层均衡区降水入渗补给量为185.96万 m^3；根据2019年10次有效降水(累计409.1 mm)，计算花山水文实验流域第四系覆盖层均衡区降水入渗补给量为47.14万 m^3；根据2020年10次有效降水(累计1 083.3 mm)，计算花山水文实验流域第四系覆盖层均衡区降水入渗补给量为104.3万 m^3。

利用花山水文实验流域气象场中2018年土柱蒸发量和渗漏量计算了2018年降水入渗补给系数为0.067～0.085，评价了花山水文实验流域降水入渗补给量为183.4万～231.14万 m^3。根据花山水文实验流域气象场中2019—2020年多次降水后土壤含水率变化，利用零通量面法计算了2019年次降水入渗补给系数范围为0.04～0.05，2020年次降水入渗补给系数范围为0.03～0.23；利用单次降水入渗补给系数估算得到2019年花山水文实验流域第四系覆盖层均衡区降水入渗补给量为35.34万～41.60万 m^3，2020年花山水文实验流域第四系覆盖层均衡区降水入渗补给量为72.56万～519.36万 m^3。

利用花山水文实验流域2018—2019年地表水水位监测、地下水水位监测、水面蒸发监测等数据，计算了2018年花山水文实验流域第四系覆盖层均衡区降水入渗补给量为227.79万 m^3(年降水入渗补给系数平均值为0.13)，2019年花山水文实验流域第四系覆盖层均衡区降水入渗补给量为189.79万 m^3(年降水入渗补给系数平均值为0.20)。

在花山水文实验流域应用水化学与同位素结合的端元法，计算出2020年花山水文实验流域河道地表水渗漏补给量占比约29%，降水入渗补给浅层地下水占比约71%，很难通过端元法确定的相对比例评价降水入渗补给量。在涡河流域测定了浅层地下水和深层地下水氚同位素，利用活塞模型定量化评价了主要接受降水入渗补给的浅层地下水对深层地下水的补给速率。

基于花山水文实验流域第四系覆盖层均衡区地下水数值模拟模型，评价了2018—2020年均衡区降水入渗补给量、潜水蒸发量和地表水—地下水交换量。2018年均衡区降水入渗补给量为187.31万 m^3；2019年均衡区降水入渗补给量为69.77万 m^3；2020年均衡区降水入渗补给量为91.83万 m^3。2018年均衡区地下水累计补给地表水56.18

万 m^3，约占降水入渗补给量的 30.0%；2019 年均衡区地下水累计补给地表水 0.54 万 m^3，约占降水入渗补给量的 0.78%；2020 年 1—10 月均衡区地表水累计补给地下水 3.56 万 m^3。

第5章

气候变化和地下水开采对降水入渗的影响研究

本章主要介绍了花山水文实验流域在全球气候变化下的局地响应，预测了未来30年流域内降水量变化，通过数值模拟模型评价了气候变化和地下水开采对花山水文实验流域地下水水位和降水入渗补给量的影响。

5.1 花山水文实验流域全球气候变化下的局地响应

气候变化和人类活动会对气温、降水量、地下水开采量等诸多因素产生影响，从而影响花山水文实验流域的降水入渗补给。未来气候变化和人类活动对流域降水入渗补给的影响值得关注，有必要开展相关的模拟预测研究。

本节将考虑气候变化引发降水量变化和地下水开采量变化这两个因素，联合应用大气环流模型、统计降尺度方法对研究区未来降水量进行预测。首先，将大气环流模型和统计降尺度方法相结合，自动从26个大气环流因子中选出对花山水文实验流域大气降水影响较大的作为预测因子，应用统计降尺度方法对预测因子进行降尺度处理，建立预测因子与流域大气降水之间的自动降尺度模型（Automated Statistical Downscaling，ASD）。应用CanESM2提供的RCP2.6、RCP4.5、RCP8.5 3种气候情景数据作为ASD模型的输入项，预测气候变化条件下花山水文实验流域未来降水量。将预测降水量作为流域地下水数值模拟模型输入项，预测气候变化条件下的降水入渗补给量。将地下水开采量增加作为强人类活动的主要行为，基于数值模拟模型评价开采量增加对地下水水位和降水入渗补给量的影响。

5.1.1 未来气候变化的预测方法

大气环流模型（General Circulation Models，GCMs）是评估未来气候变化的重要方法，已在研究未来气候变化（诸如气温、气压、大气降水等方面）中得到广泛应用。目前，在美国、加拿大、英国、澳大利亚以及日本等发达国家得到广泛应用的大气环流模型均为复杂气候模型。常用的复杂气候模型[92]见表5-1。

表5-1 常用的复杂气候模型

模型来源	研发机构	模型名称	分辨率
美国	NASA，Goddard Institute for Space Studies，USA	GISS-E2-R	2.5°×2°
加拿大	Canadian Centre for Climate Modelling and Analysis	CanESM2	2.812 5°×2.812 5°
英国	Met Office Hadley Centre，UK	HadCM3	2.5°×3.75°
澳大利亚	Commonwealth Scientific and Industrial Research Organisation	ACCESS	3.2°×5.6°
日本	Meteorological Research Institute	CCSR	2.5°×3.75°

已有研究表明，加拿大气候中心研发的CanESM2气候模型（The second generation Canadian Earth System Model，CanESM2）在东亚地区取得了较好的应用效果[93-94]。因此，本节选用复杂气候模型中的CanESM2模型所提供的气候信息，开展花山水文实验流域未来降水量的预测。

在进行花山水文实验流域未来降水量的预测时，首先需要预估未来人类活动对气候变化的影响[95]。本节对于人类活动影响下的未来温室气体排放情景采用联合国政府间气候变化专门委员会(Intergovernmental Panel on Climate Change,IPCC)第五阶段耦合模式相互比较项目(The Coupled Model Intercomparison Project Phase 5, CMIP5)中的温室气体排放情景系列(Representative Concentration Pathways, RCPs)。RCPs 情景系列包括低排放情景 RCP2.6,中等排放情景 RCP4.5 和 RCP6.0,以及高排放情景 RCP8.5。RCPs 对未来经济发展(以 GDP 表示)和人口的评估情况见图 5.1。

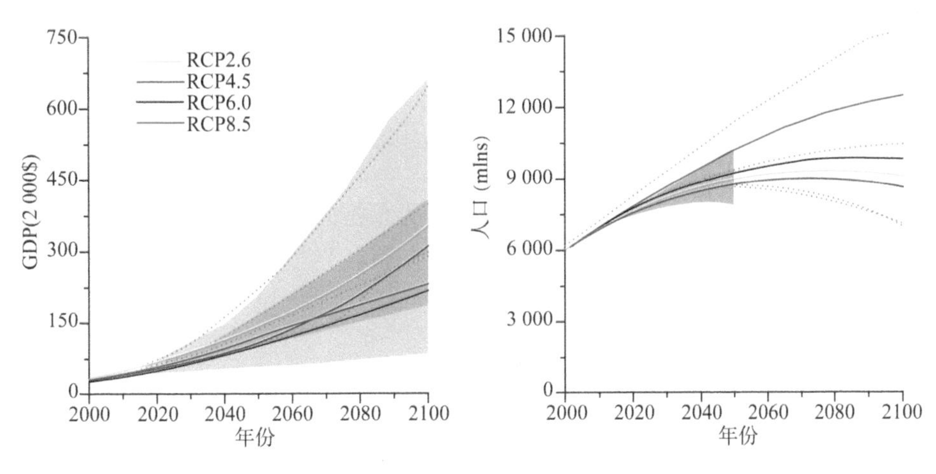

图 5.1　IPCC - CMIP5 情景系列[96]

5.1.2　大气环流模型的降尺度研究

大气环流模型的输出具有尺度较大、空间分辨率较低的缺点,很难直接将其应用于局部区域尺度的地下水数值模拟研究。对于区域尺度的地下水数值模拟研究而言,大气环流模型输出结果的精度会直接影响预测结果的准确性。通常采用降尺度方法将 GCMs 输出的大尺度、低分辨率信息转化为区域尺度信息,用来预测未来局部区域的气候变化情况。

关于降尺度方法的研究已有诸多文献报道,主要可以归纳为动力降尺度方法、统计降尺度方法和统计与动力相结合的降尺度方法。这 3 种方法各有优势,其中统计降尺度方法具有明确物理意义的气象因子且模拟效果不受边界条件的影响,具有计算量小、模型构造简单等优点。统计降尺度模型是通过统计降尺度方法建立大气环流因子和局部气象要素的相互关系,该模型已经在国内外得到了广泛应用。本节运用统计降尺度方法建立大气环流因子与研究区降水量之间的 ASD 模型,对大气环流因子进行降尺度处理,用于预测气候变化条件下未来研究区降水量的信息。

5.1.3　ASD 模型的原理及一般步骤

自动统计降尺度模型(ASD)是 2008 年 Hessami 等[97]借鉴统计降尺度模型(Statistical Downscaling Model,SDSM)原理在 MATLAB 平台下开发的降尺度统计方法。与 SDSM 模型相比,其有操作更简捷且能适用于批量数据处理的优势,也利于大范围推广使用。初祁等[98]在太湖流域的研究成果表明，ASD模型相较于SDSM模型，不管是在降水还是气温的预测方面都有更好的表现。故将ASD模型应用于花山水文实验流域降水量预测的降尺度研究。

ASD模型是一种基于回归分析的模型，其在有条件和无条件状态下对气温和降水进行模拟。通常，对气温选择无条件模拟，而降水则是选择有条件模拟，降水模拟计算公式[98]如下：

$$O_i = \alpha_0 + \sum_{j}^{n} \alpha_i p_{ij} \tag{5-1}$$

$$R_i = \beta_0 + \sum_{j=i}^{n} \beta_j p_{ij} + e_i \tag{5-2}$$

式中，O_i 为日降水发生概率；R_i 为日降水量；p_{ij} 为预报因子；n 为预报因子数目；α，β 为模型的参数；e_i 为模型的误差，并假设其服从高斯分布：

$$e_i = \sqrt{\frac{VIF}{12}} Z_i S_e + b \tag{5-3}$$

式中，Z_i 为服从正态分布随机数；S_e 为模拟系数标准差；b 为模型模拟误差；VIF（Variance Inflation Factor）为方差膨胀因子。将NCEP再分析数据作为预报因子，在模型率定时，b 和 VIF 值分别取0和12。将建立的模型应用到GCMs格网数据排放情景时，b 和 VIF 的计算公式分别为

$$b = M_{obs} - M_d \tag{5-4}$$

$$VIF = \frac{12(V_{obs} - V_d)}{s_e^2} \tag{5-5}$$

式中，V_{obs} 和 V_d 分别表示实测值和模拟序列在率定期内的方差；s_e 表示标准差；M_{obs} 和 M_d 分别表示实测值和模拟序列的均值。

ASD模型的结构[97]见图5.2。当预报因子之间有较强的相关性时，会导致计算回归系数的结果估计不稳定。ASD模型提供了多元线性回归和岭回归，建立预报因子与预报量之间的统计关系；提供了两种预报因子的选择方法，分别是后向逐步回归法和偏相关分析法。本节选择多元线性回归和后向逐步回归法。

5.1.4 ASD模型的率定与验证

本节采用气象站点的实测资料时间序列为1961—2005年。在对ASD模型进行率定与验证时，将率定期设为1961—1990年、验证期设为1991—2005年。将率定期的CanESM2模型气候情景信息输入所建立的ASD模型，将输出数据和站点实测数据进行拟合。率定期和验证期的月均降水量拟合结果如图5.3所示。

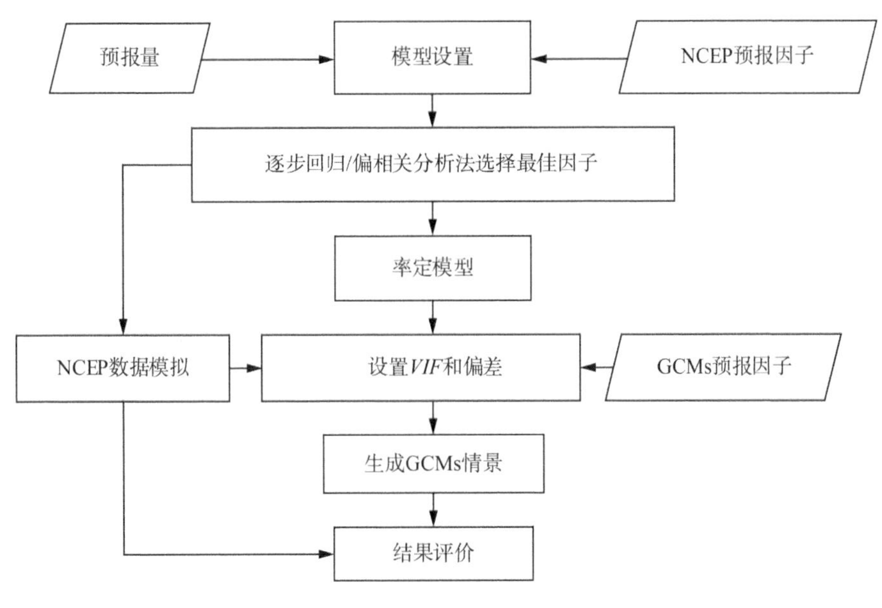

图 5.2　ASD 模型结构

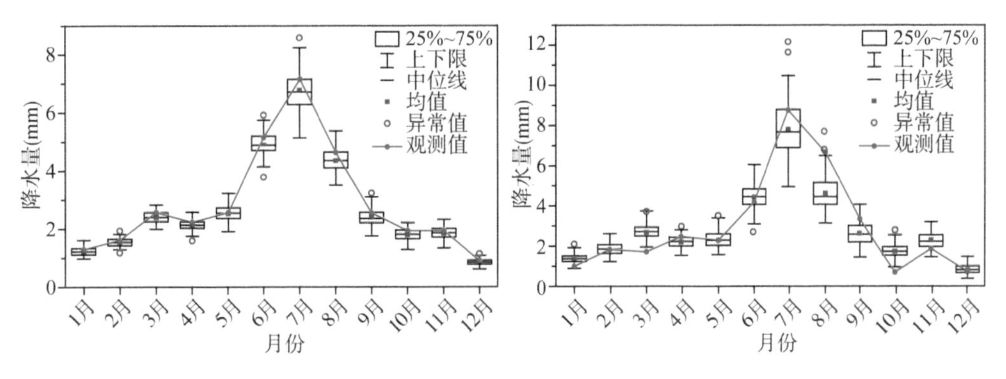

(a) RCP2.6

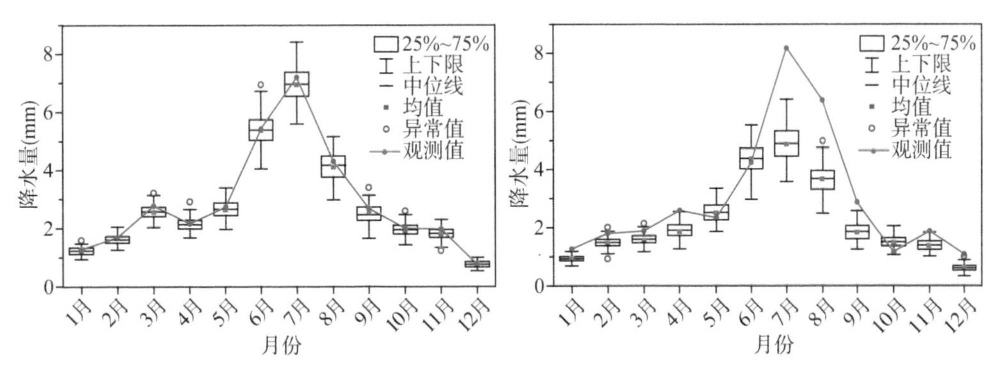

(b) RCP4.5

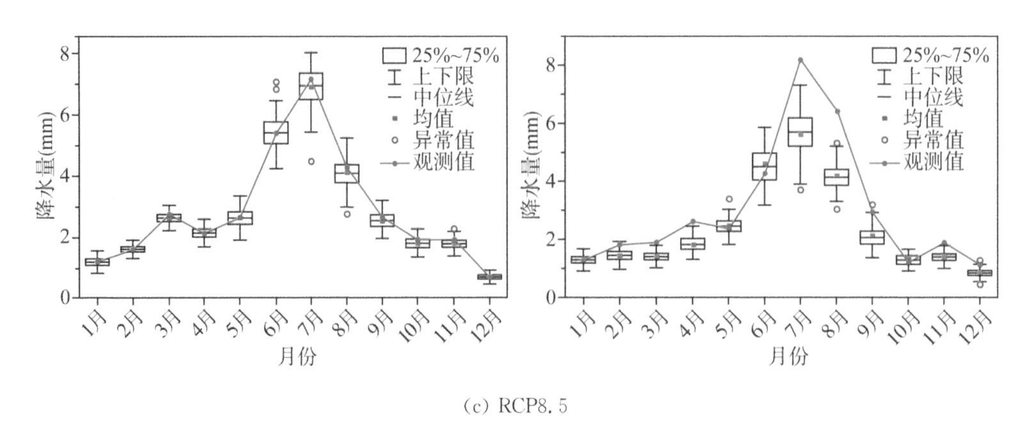

(c) RCP8.5

图 5.3　花山水文实验流域 3 种气候变化模型率定结果

5.2　气候变化对降水入渗补给量的影响

5.2.1　未来降水量预测

林岚[99]分析了不同气候、不同土地利用/覆被和未来环境变化条件下松嫩盆地及其各地下水亚系统降水入渗补给量的变化特征。根据《第三次气候变化国家评估报告》[100]预测结果，中国区域平均温度持续上升，2030 年前增温幅度、变化趋势差异较小，2030 年以后不同 RCPs 情景表现出不同的变化特征。2011—2100 年在 RCP2.6、RCP4.5、RCP8.5 情景下的增温趋势分别为 0.08℃/10a、0.26℃/10a、0.61℃/10a。RCPs 情景下，中国区域平均年降水将持续增加，2060 年前增加幅度、变化趋势差异较小，2060 年以后不同 RCPs 情景表现出不同的变化特征。2011—2100 年在 RCP2.6、RCP4.5、RCP8.5 情景下增加趋势分别为 0.6%/10a、1.1%/10a、1.6%/10a。中国区域平均降水的增加幅度明显大于全球，在 RCP2.6 和 RCP8.5 情景下，到 2100 年分别增加约 5%和 14%。

将 CanESM2 提供的 RCP2.6、RCP4.5、RCP8.5 3 种气候情景信息输入所建立的 ASD 模型，预测因子与 ASD 模型的建立保持一致，以 1961—2020 年作为基准期，计算得到气候变化条件下未来 30 年花山水文实验流域降水量信息，2021—2050 年花山水文实验流域降水量的预测结果如图 5.4～图 5.6 所示。

根据图 5.4 可知，在 RCP2.6 气候模式下，花山水文实验流域未来 30 年的降水量总体上呈逐渐增大的趋势。其中，2036 年为极小值 610 mm，2047 年为极大值 1 564 mm。2021—2050 年花山水文实验流域平均降水量为 1 024 mm。

根据图 5.5 可知，在 RCP4.5 气候模式下，花山水文实验流域未来 30 年的降水量总体上呈逐渐增大的趋势。其中，2038 年为极小值 833 mm，2026 年为极大值 1 649 mm。2021—2050 年花山水文实验流域的平均降水量为 1 162 mm。

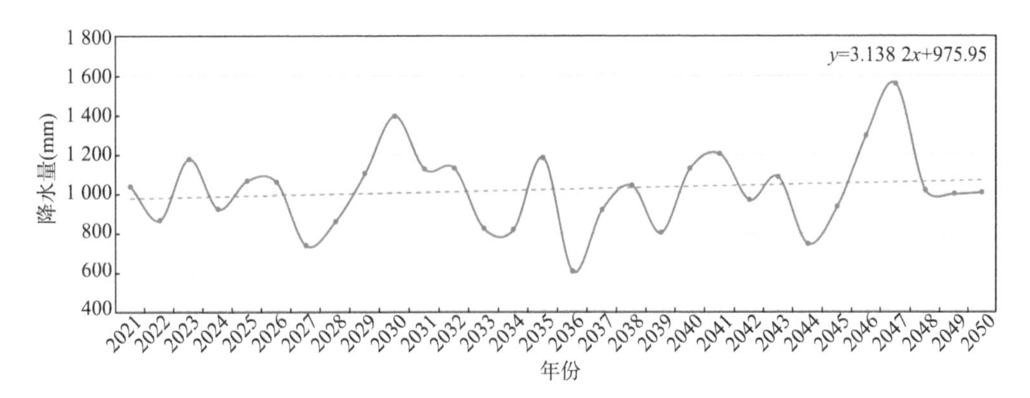

图 5.4　RCP2.6 气候情景下花山水文实验流域未来 30 年降水量预测结果

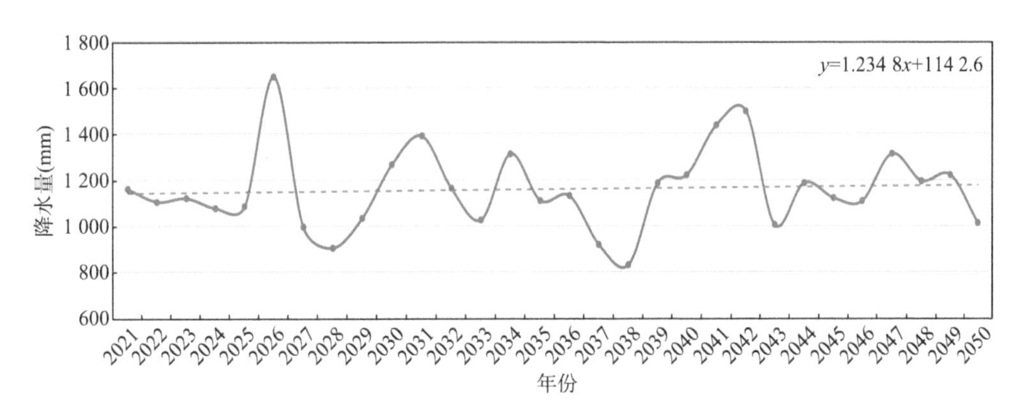

图 5.5　RCP4.5 气候情景下花山水文实验流域未来 30 年降水量预测结果

根据图 5.6 可知，在 RCP8.5 气候模式下，花山水文实验流域未来 30 年的降水量总体上呈逐渐增大的趋势。其中，2029 年为极小值 854 mm，2025 年为极大值 1 958 mm。2021—2050 年花山水文实验流域的平均降水量为 1 553 mm。

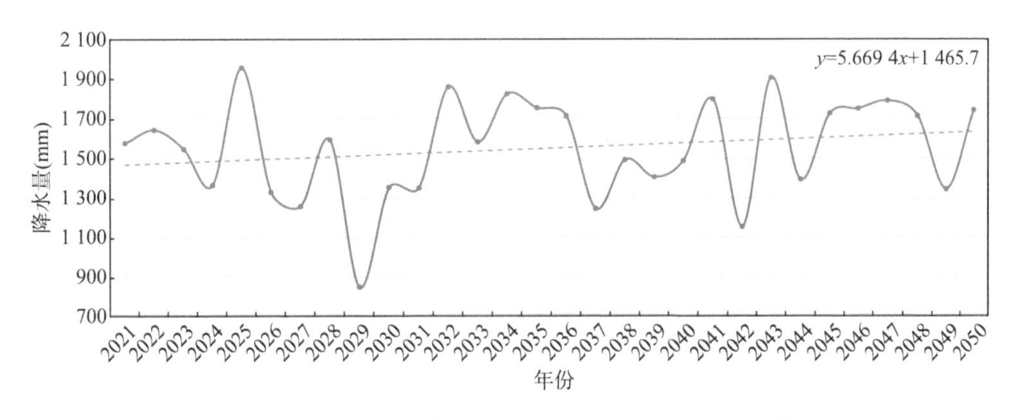

图 5.6　RCP8.5 气候情景下花山水文实验流域未来 30 年降水量预测结果

5.2.2 气候变化对地下水水位的影响

本节根据 RCP2.6、RCP4.5、RCP8.5 3 种气候情景下预测的未来 30 年花山水文实验流域降水量结果，利用地下水数值模拟模型评价了气候变化对花山水文实验流域地下水水位的影响。花山水文实验流域代表性监测井位置和地下水水位预测结果见图 5.7、图 5.8。

图 5.7、图 5.8 表明，花山水文实验流域地下水监测井 Q07、Q14、Q29 和 Q30 位置地下水水位受不同气候变化情景下降水影响较小，推测主要原因是这 4 眼地下水监测井距离河道近(13.2～242 m)，数值模拟模型中地下水水位主要受地表水水位边界影响明显；地下水监测井 A03、Q04、Q10、Q36 和 Q38 位置地下水水位受不同气候变化情景下降水影响较大，RCP8.5 气候模式下地下水水位变化幅值最大。

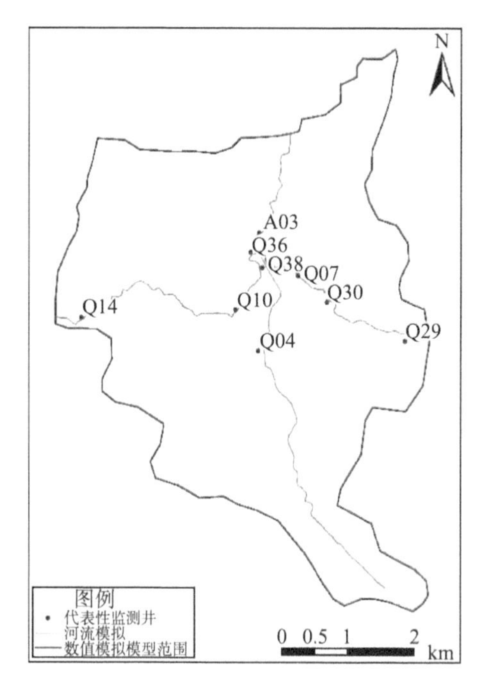

图 5.7 花山水文实验流域代表性监测井位置

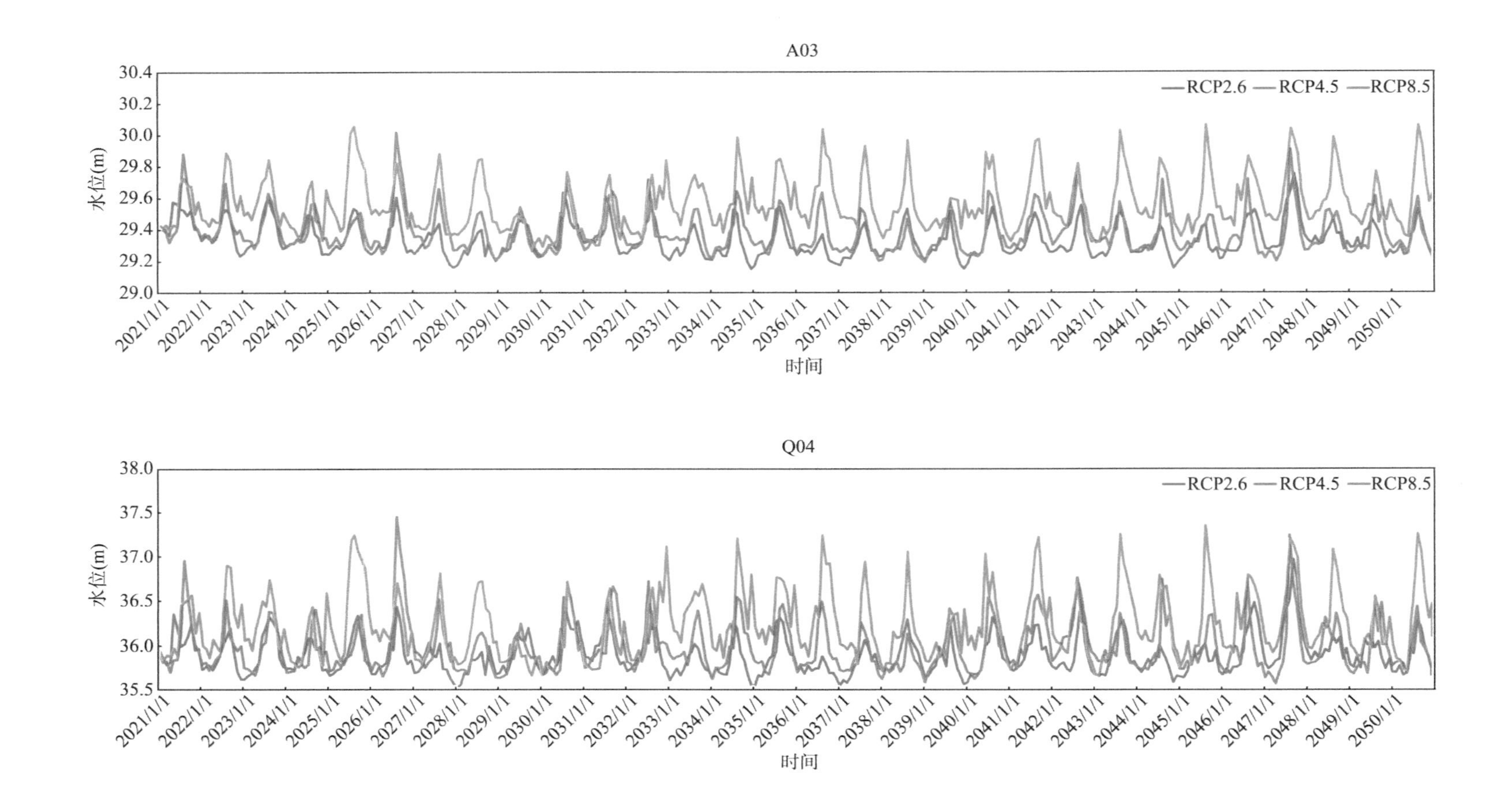
A03
—RCP2.6 —RCP4.5 —RCP8.5
水位(m)
时间
Q04
—RCP2.6 —RCP4.5 —RCP8.5
水位(m)
时间

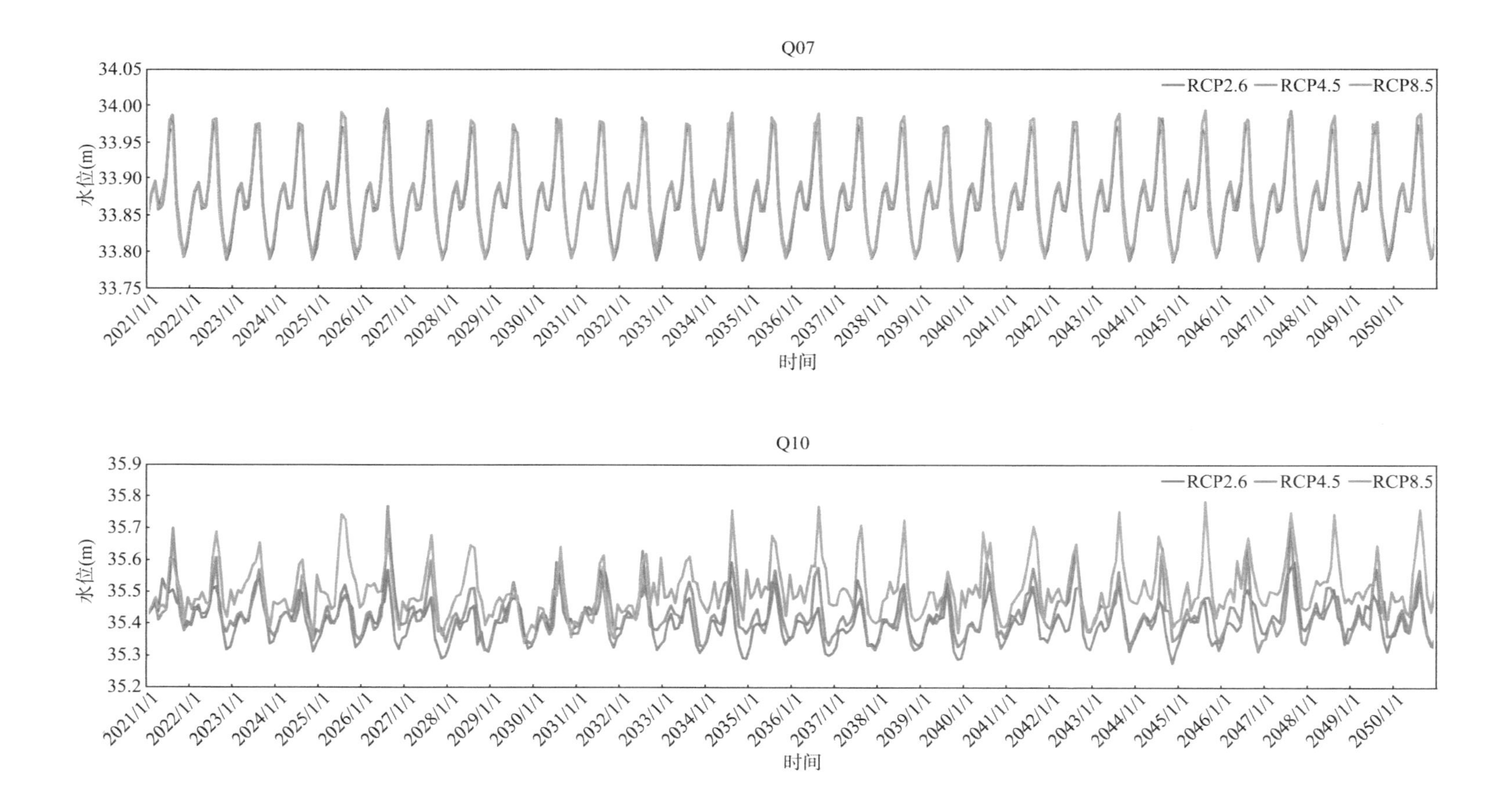
Q07
RCP2.6
RCP4.5
RCP8.5
水位(m)
34.05
34.00
33.95
33.90
33.85
33.80
33.75
2021/1/1
2022/1/1
2023/1/1
2024/1/1
2025/1/1
2026/1/1
2027/1/1
2028/1/1
2029/1/1
2030/1/1
2031/1/1
2032/1/1
2033/1/1
2034/1/1
2035/1/1
2036/1/1
2037/1/1
2038/1/1
2039/1/1
2040/1/1
2041/1/1
2042/1/1
2043/1/1
2044/1/1
2045/1/1
2046/1/1
2047/1/1
2048/1/1
2049/1/1
2050/1/1
时间
Q10
RCP2.6
RCP4.5
RCP8.5
水位(m)
35.9
35.8
35.7
35.6
35.5
35.4
35.3
35.2
2021/1/1
2022/1/1
2023/1/1
2024/1/1
2025/1/1
2026/1/1
2027/1/1
2028/1/1
2029/1/1
2030/1/1
2031/1/1
2032/1/1
2033/1/1
2034/1/1
2035/1/1
2036/1/1
2037/1/1
2038/1/1
2039/1/1
2040/1/1
2041/1/1
2042/1/1
2043/1/1
2044/1/1
2045/1/1
2046/1/1
2047/1/1
2048/1/1
2049/1/1
2050/1/1
时间

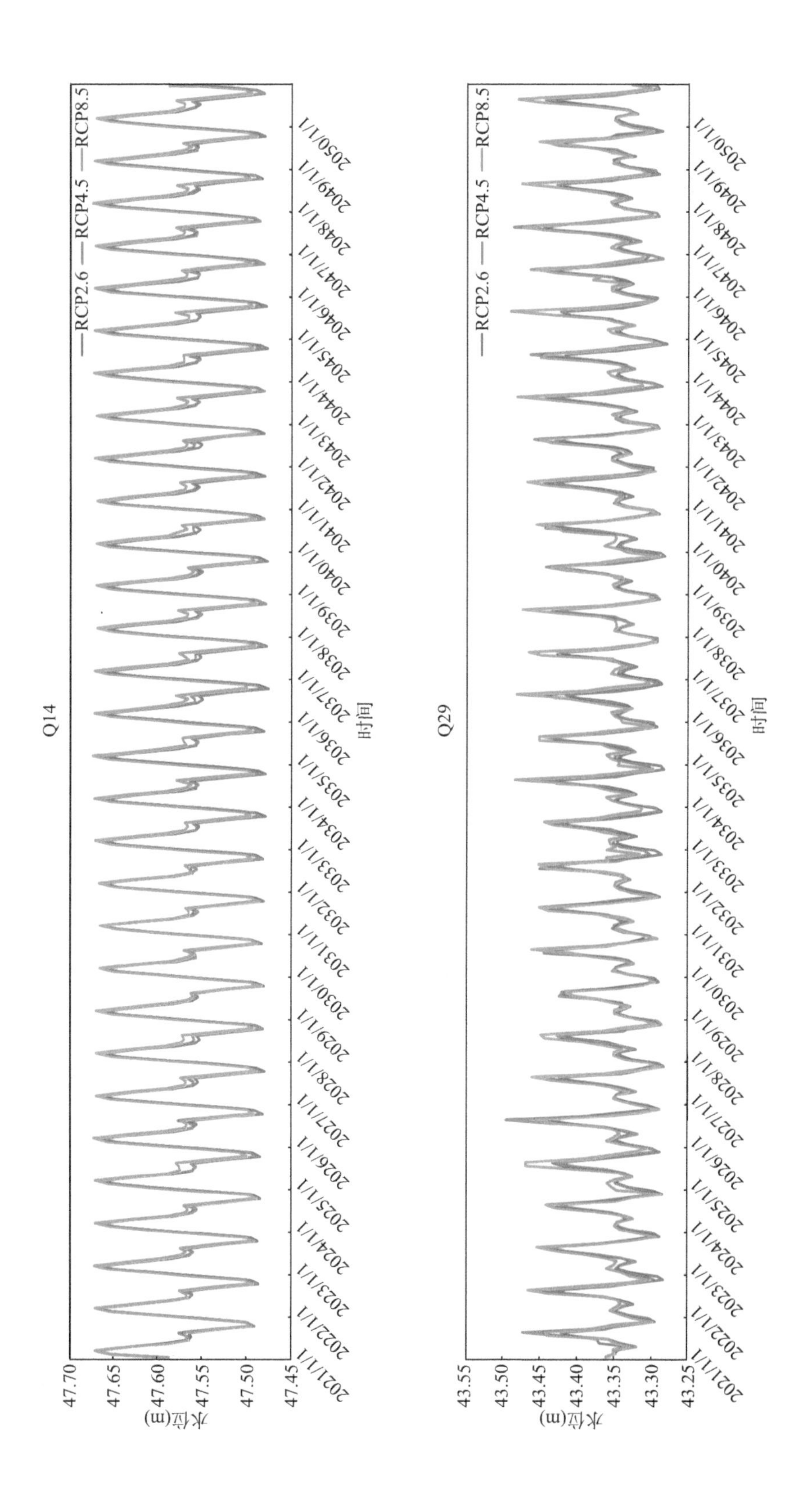
Q14
Q29
RCP2.6
RCP4.5
RCP8.5
水位(m)
时间
47.70
47.65
47.60
47.55
47.50
47.45
43.55
43.50
43.45
43.40
43.35
43.30
43.25
2021/1/1
2022/1/1
2023/1/1
2024/1/1
2025/1/1
2026/1/1
2027/1/1
2028/1/1
2029/1/1
2030/1/1
2031/1/1
2032/1/1
2033/1/1
2034/1/1
2035/1/1
2036/1/1
2037/1/1
2038/1/1
2039/1/1
2040/1/1
2041/1/1
2042/1/1
2043/1/1
2044/1/1
2045/1/1
2046/1/1
2047/1/1
2048/1/1
2049/1/1
2050/1/1

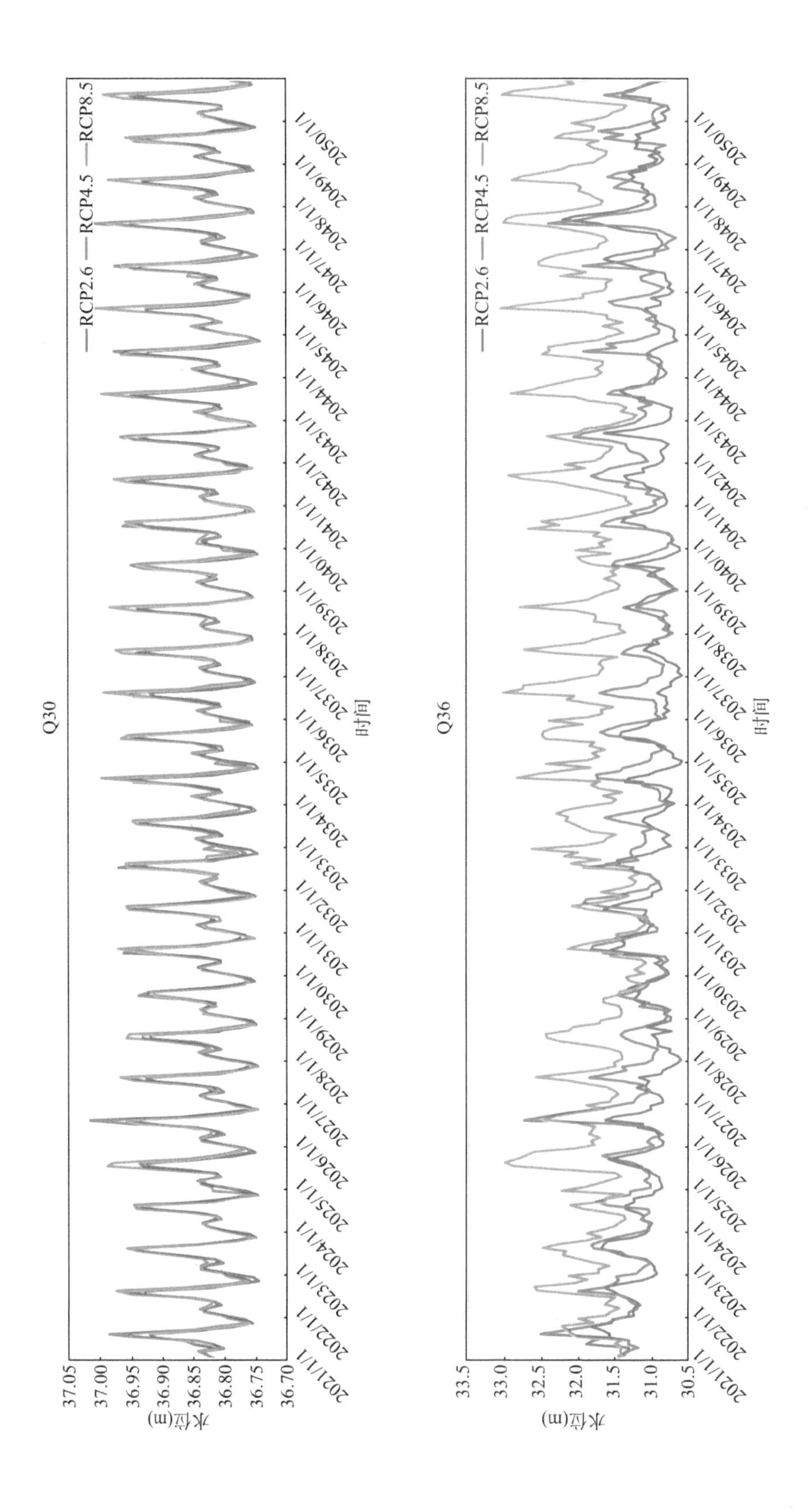
Q30
RCP2.6
RCP4.5
RCP8.5
水位(m)
时间
Q36

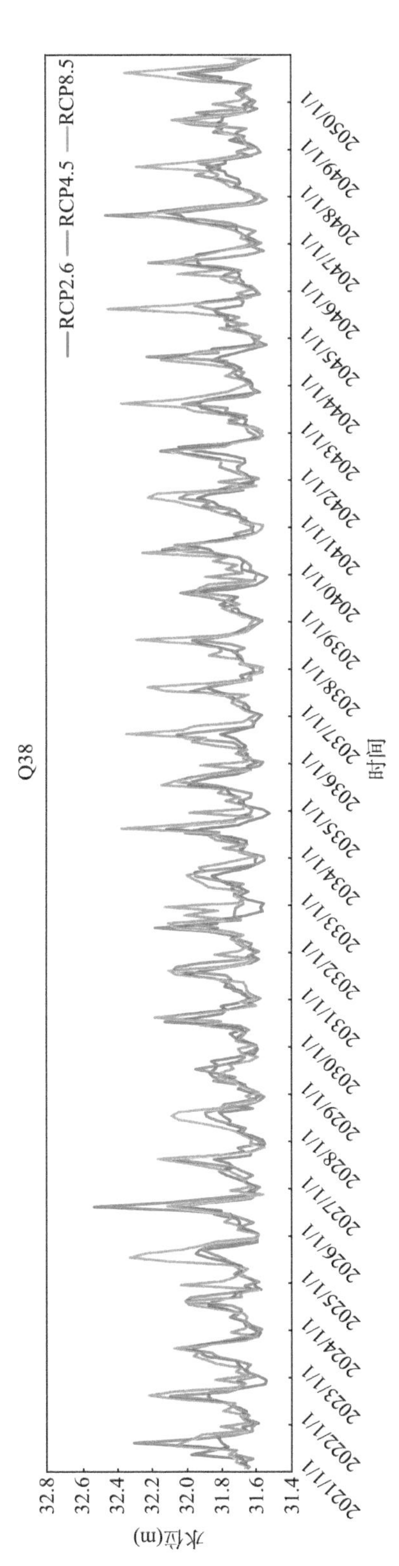

图 5.8　花山水文实验流域未来不同气候模式下地下水水位预测结果

5.2.3 气候变化条件下降水入渗补给量预测

本节利用在花山水文实验流域构建的地下水流数值模拟模型和花山水文实验流域不同情景未来气候变化的预测结果，预测了花山水文实验流域未来 30 年降水入渗补给量。不同气候模式下，花山水文实验流域地下水流场和降水入渗补给量预测结果见图 5.9～图 5.14。

(1) RCP2.6 气候模式

图 5.9 表明，在 RCP2.6 气候模式下花山水文实验流域地下水水位对降水量变化存在明显响应。预测 2040 年花山水文实验流域上游地下水水位相比于 2030 年略有下降，2050 年花山水文实验流域地下水水位相对于 2040 年变化不大。

图 5.10 表明，在 RCP2.6 气候模式下花山水文实验流域第四系覆盖层模拟区未来 30 年的降水入渗补给量总体上呈波动趋势。预测 2036 年模拟区降水入渗补给量最小，约为 91.76 万 m^3；预测 2047 年模拟区降水入渗补给量最大，约为 233.32 万 m^3。2021—2050 年花山水文实验流域第四系覆盖层模拟区年平均降水入渗补给量为 152.96 万 m^3。

(2) RCP4.5 气候模式

图 5.11 表明，在 RCP4.5 气候模式下花山水文实验流域地下水水位对降水量变化存在明显响应。预测 2040 年花山水文实验流域上游地下水水位相比于 2030 年略有下降，2050 年花山水文实验流域地下水水位相对于 2040 年中游地下水水位略有回升。

图 5.12 表明，在 RCP4.5 气候模式下花山水文实验流域第四系覆盖层模拟区未来 30 年的降水入渗补给量总体上呈波动上升趋势。预测 2038 年模拟区降水入渗补给量最小，约为 124.99 万 m^3；预测 2026 年模拟区降水入渗补给量最大，约为 247.88 万 m^3。2021—2050 年花山水文实验流域第四系覆盖层模拟区年平均降水入渗补给量约为 174.48 万 m^3。

(3) RCP8.5 气候模式

图 5.13 表明，在 RCP8.5 气候模式下花山水文实验流域地下水水位对降水量变化存在明显响应。预测 2040 年花山水文实验流域上游地下水水位相比于 2030 年中下游地下水水位明显上升，2050 年花山水文实验流域地下水水位相对于 2040 年上游地下水水位略有上升。

图 5.14 表明，在 RCP8.5 气候模式下花山水文实验流域第四系覆盖层模拟区未来 30 年的降水入渗补给量总体上呈剧烈波动上升趋势。预测 2029 年模拟区降水入渗补给量最小，约为 127.62 万 m^3；预测 2041 年模拟区降水入渗补给量最大，约为 293.95 万 m^3。2021—2050 年花山水文实验流域第四系覆盖层模拟区年平均降水入渗补给量约为 233.2 万 m^3。

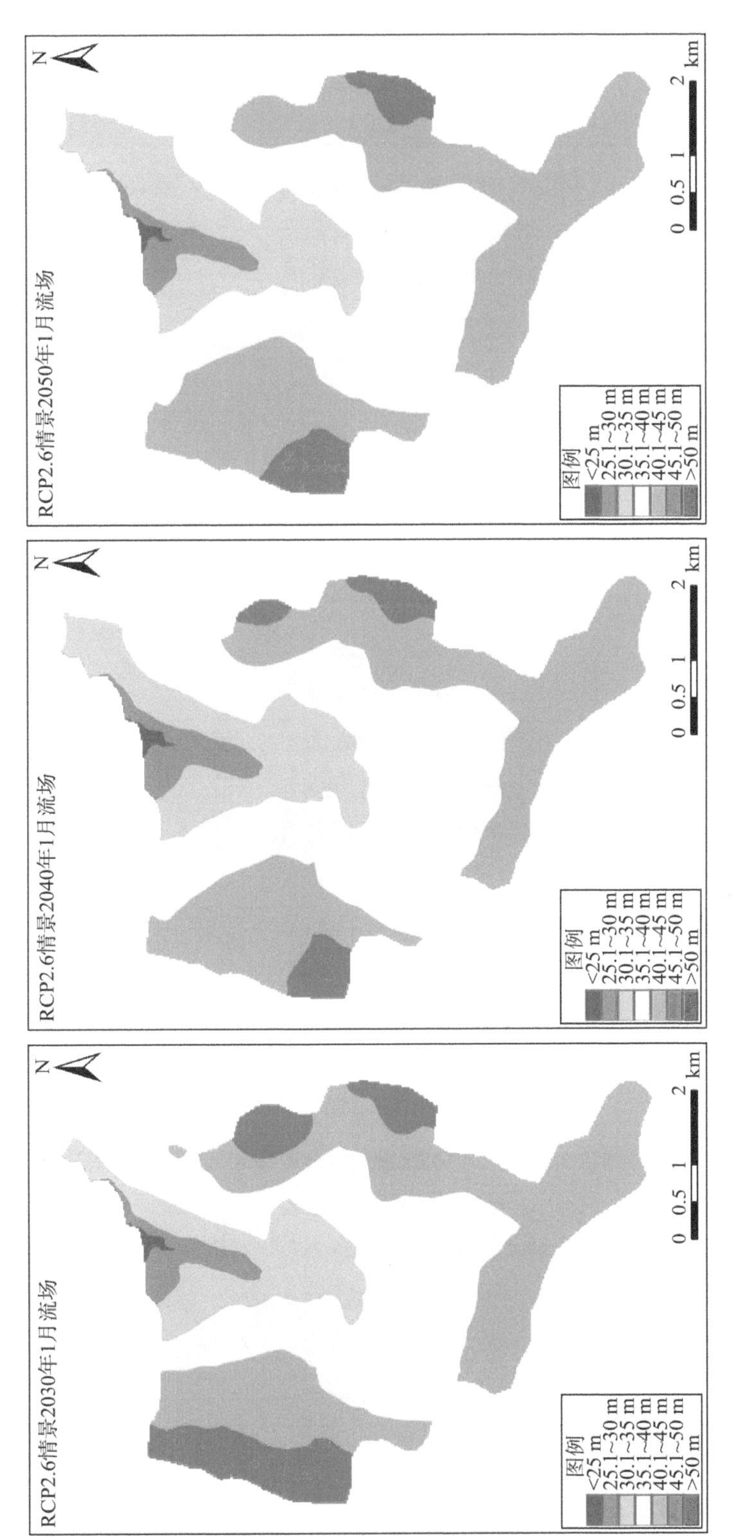

图 5.9　RCP2.6 气候情景下花山水文实验流域未来 30 年地下水水位等值线变化

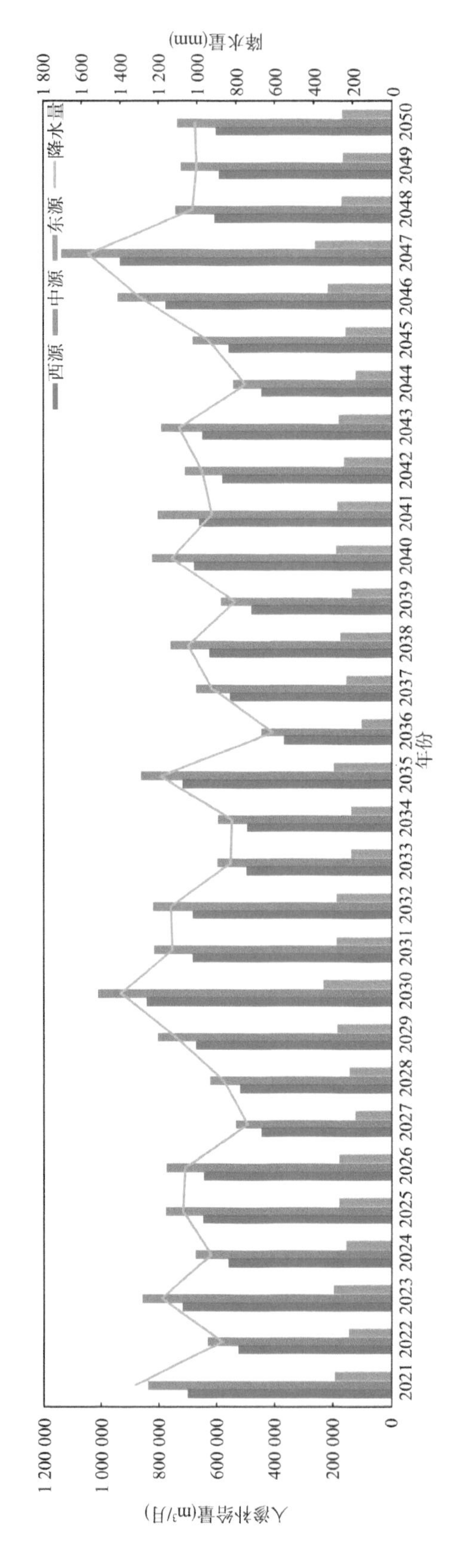

图 5.10　RCP2.6 气候情景下花山水文实验流域模拟区未来 30 年降水入渗补给量预测结果

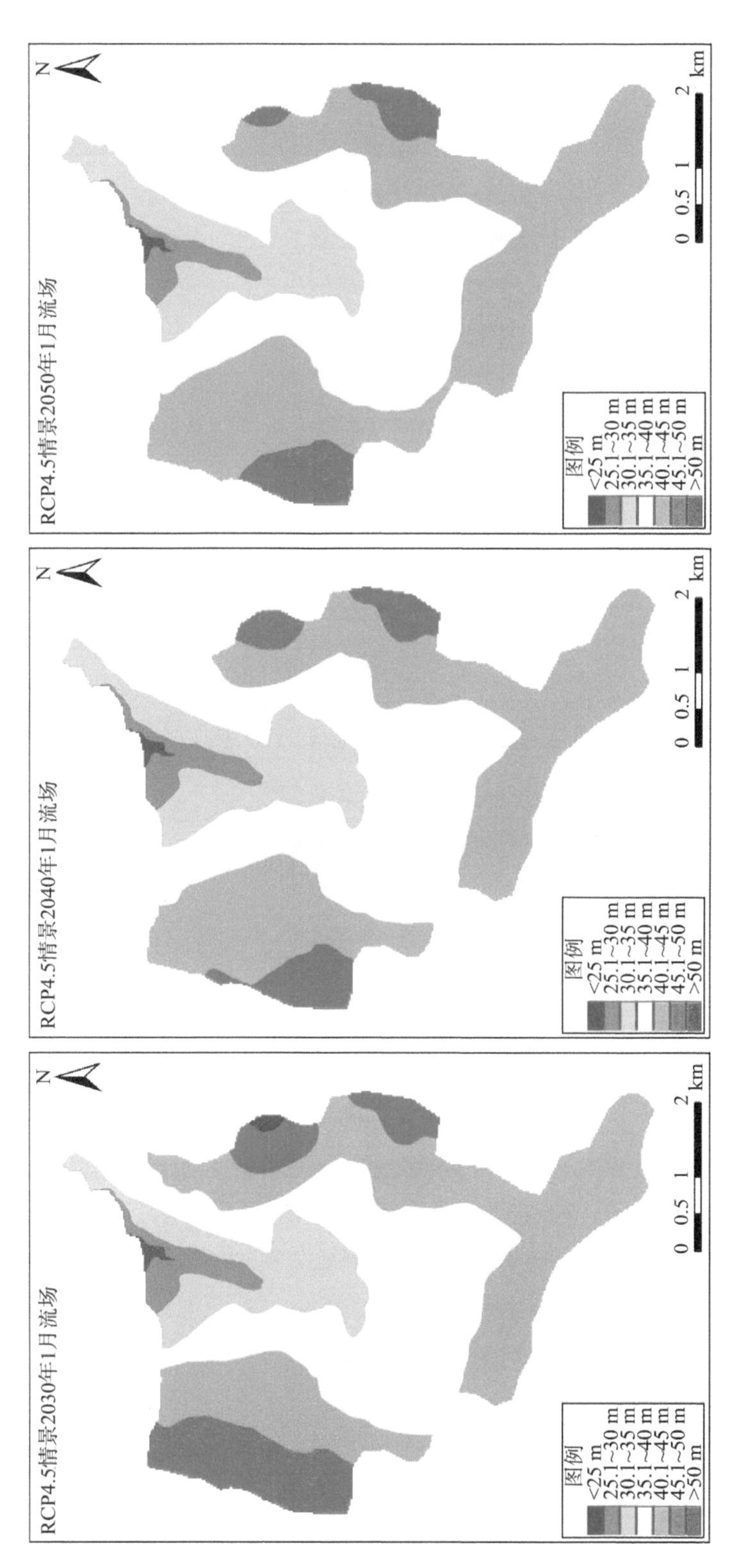

图 5.11　RCP4.5 气候情景下花山水文实验流域未来 30 年地下水水位等值线变化

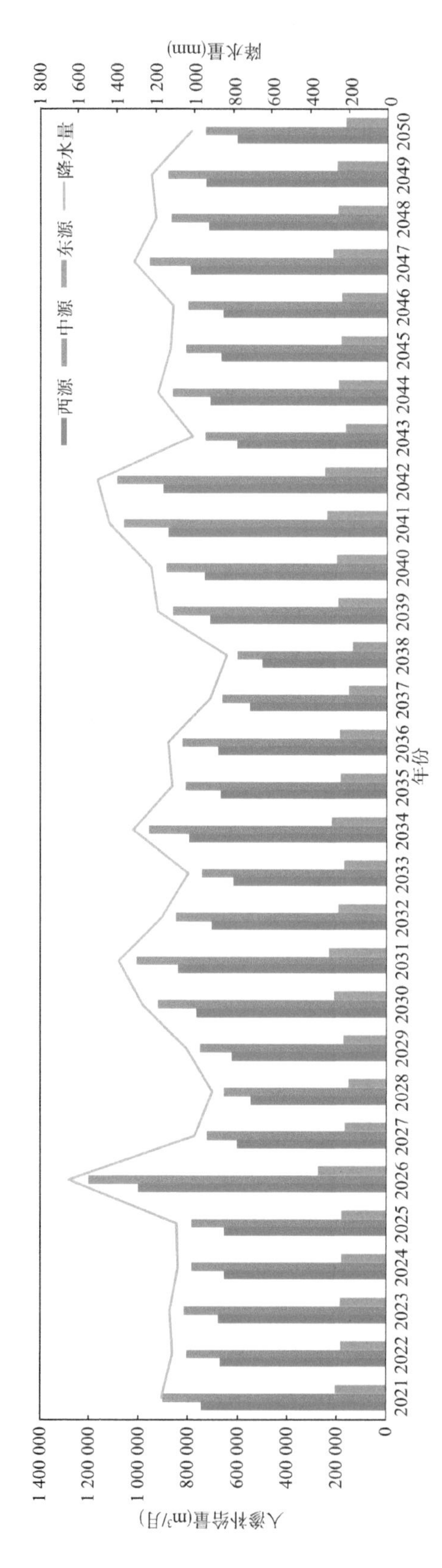

图 5.12　RCP4.5 气候情景下花山水文实验流域模拟区未来 30 年降水入渗补给量预测结果

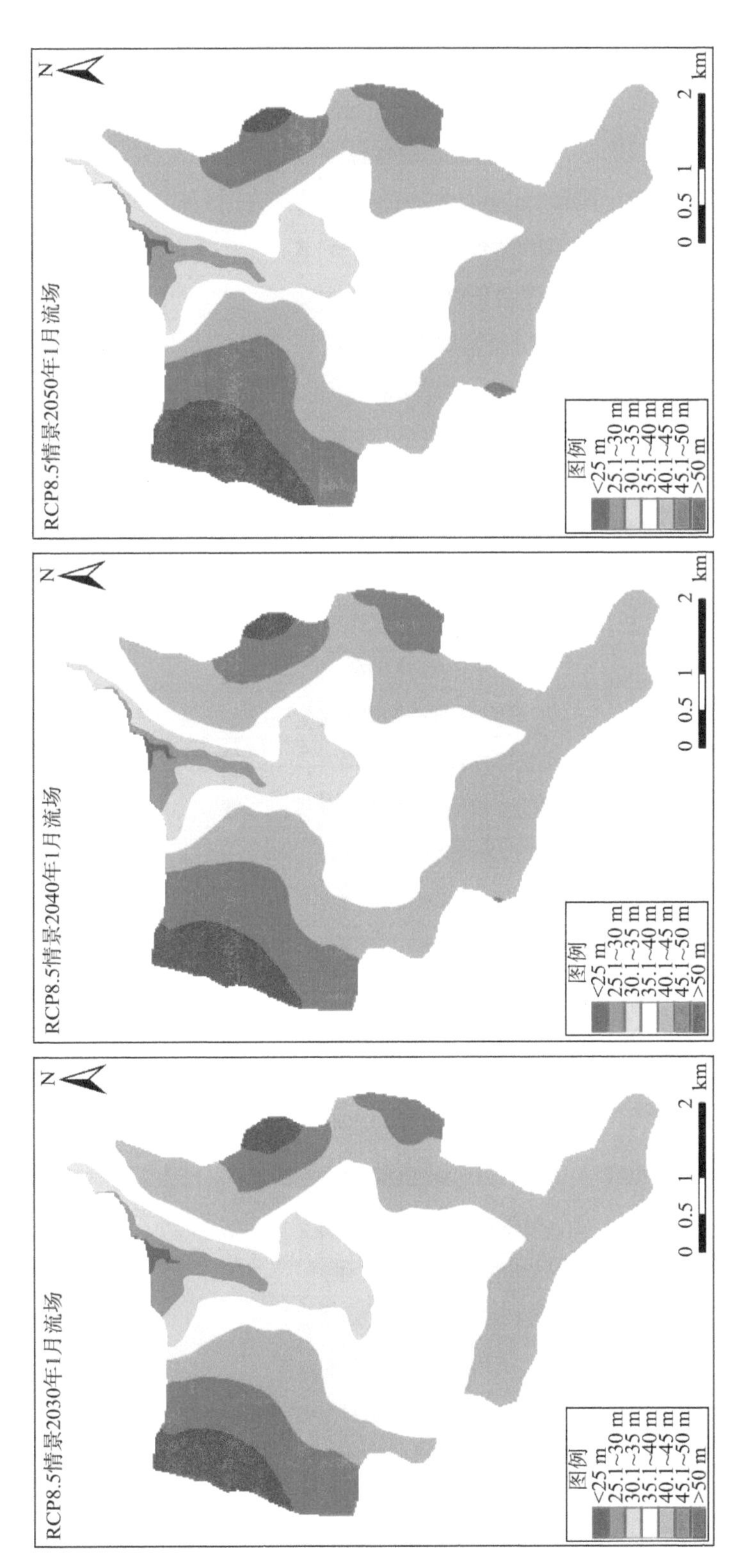

图 5.13　RCP8.5 气候情景下花山水文实验流域未来 30 年地下水水位等值线变化

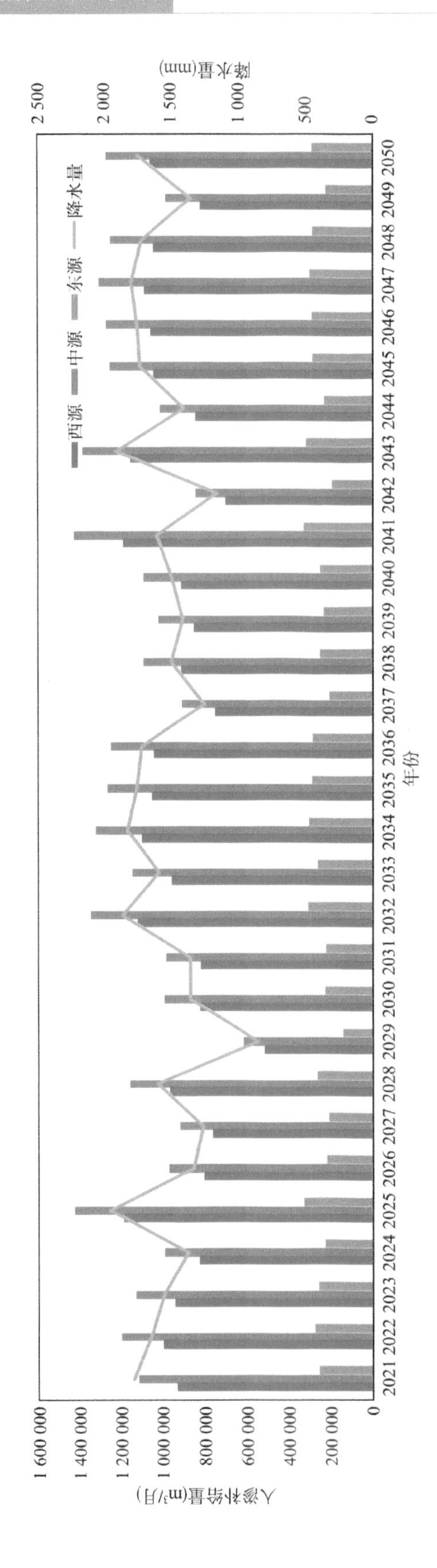

图 5.14　RCP8.5 气候情景下花山水文实验流域模拟区未来 30 年降水入渗补给量预测结果

5.3　地下水开采对降水入渗补给量的影响

5.3.1　花山水文实验流域地下水开采分析

花山水文实验流域地下水开采的主要方式为居民生活用水开采，由于缺少相应的用水计量和相应的人口数据，本研究主要利用土地利用类型图圈出流域范围内建筑生活用地作为地下水开采区(图 5.15)。

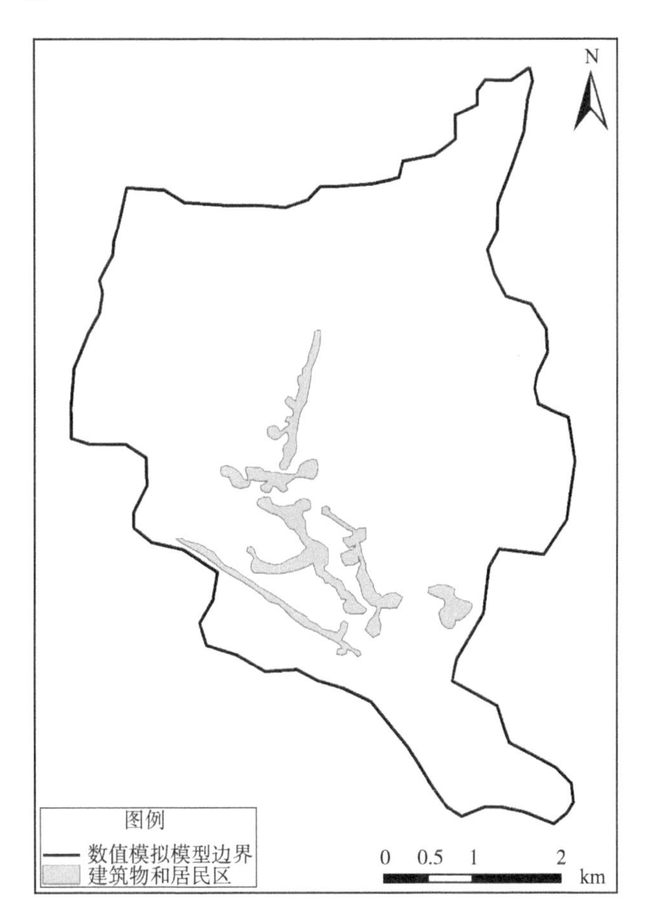

图 5.15　花山水文实验流域地下水数值模拟模型开采区分布图

5.3.2　地下水开采对地下水水位的影响

本节设置 2018—2020 年对流域内地下水进行开采，基于花山水文实验流域地下水数值模拟模型，模拟了流域内不同地下水开采情景下地下水水位变化，地下水开采量分别为 0、52.31 万 m^3/a、87.18 万 m^3/a 和 122.06 万 m^3/a，地下水水位模拟结果见图 5.16。

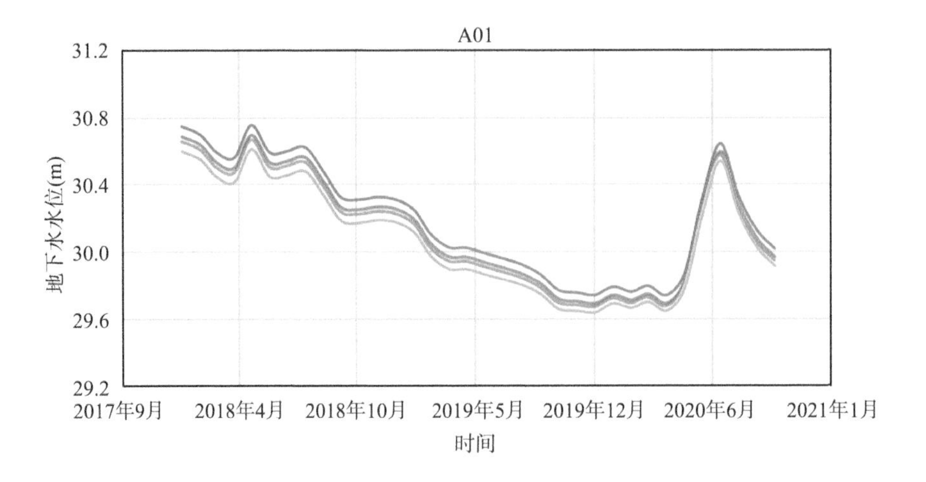
A01
31.2
30.8
30.4
30.0
29.6
29.2
地下水水位(m)
2017年9月
2018年4月
2018年10月
2019年5月
2019年12月
2020年6月
2021年1月
时间

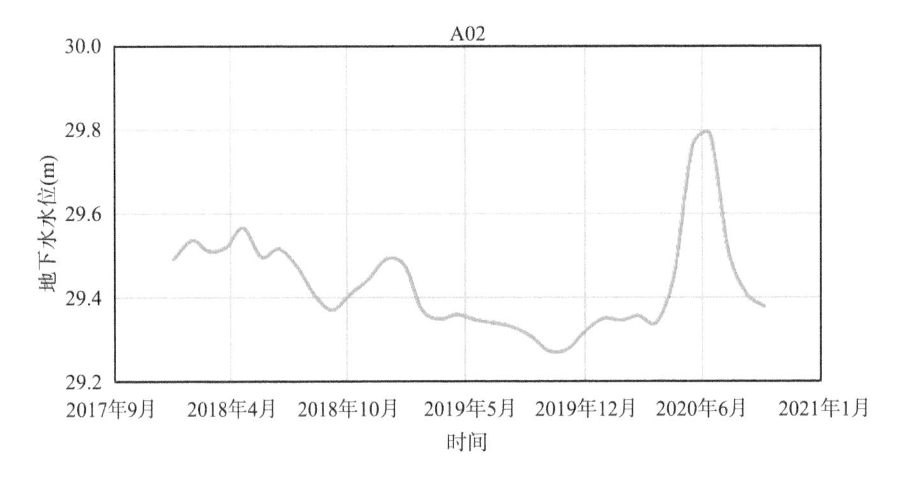
A02
30.0
29.8
29.6
29.4
29.2
地下水水位(m)
2017年9月
2018年4月
2018年10月
2019年5月
2019年12月
2020年6月
2021年1月
时间

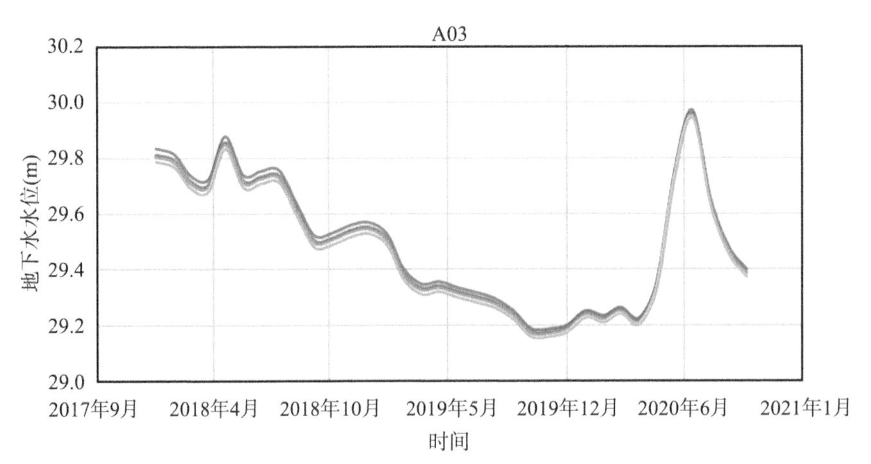
A03
30.2
30.0
29.8
29.6
29.4
29.2
29.0
地下水水位(m)
2017年9月
2018年4月
2018年10月
2019年5月
2019年12月
2020年6月
2021年1月
时间

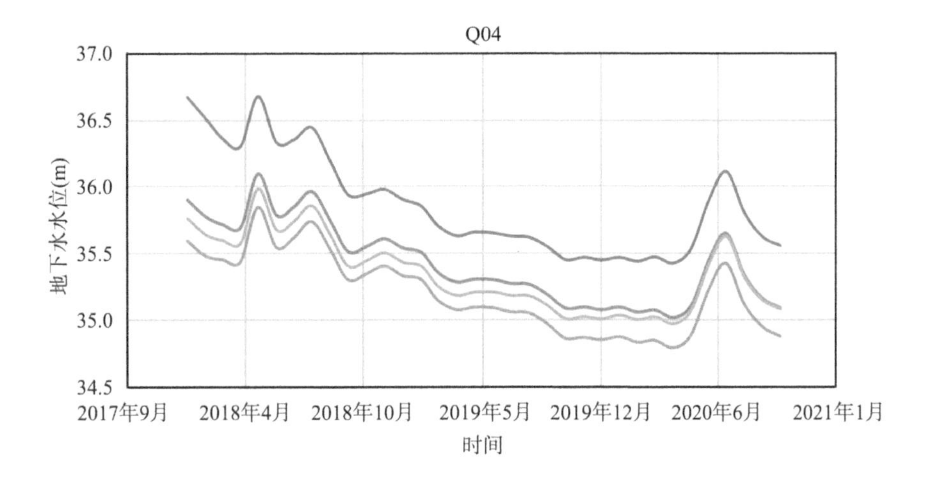
Q04
37.0
36.5
36.0
35.5
35.0
34.5
地下水水位(m)
2017年9月
2018年4月
2018年10月
2019年5月
2019年12月
2020年6月
2021年1月
时间

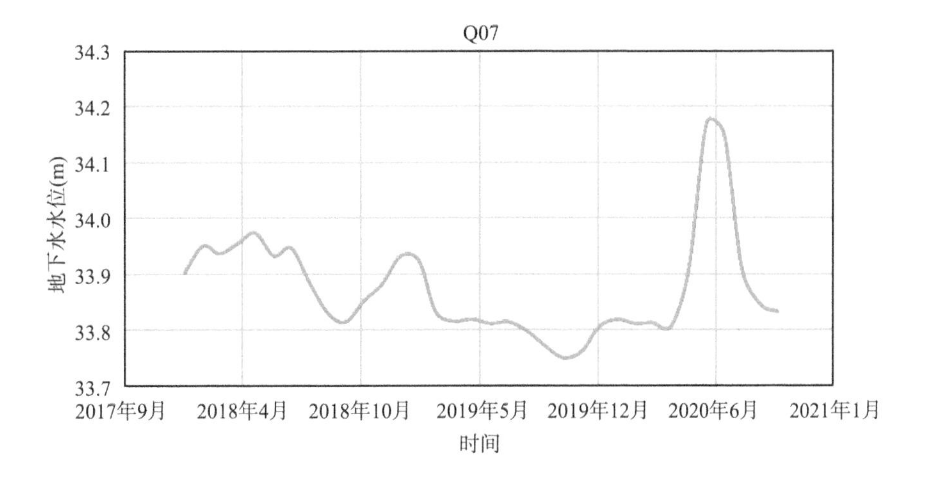
Q07
34.3
34.2
34.1
34.0
33.9
33.8
33.7
地下水水位(m)
2017年9月
2018年4月
2018年10月
2019年5月
2019年12月
2020年6月
2021年1月
时间

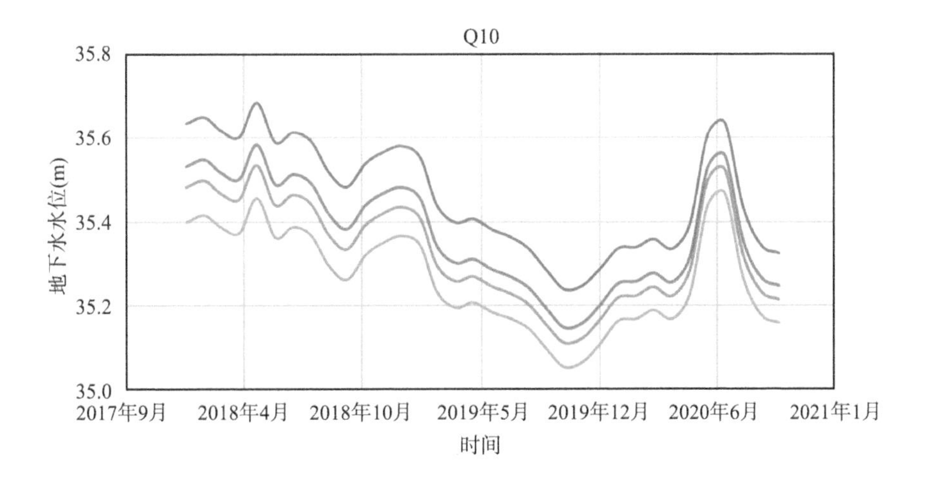
Q10
35.8
35.6
35.4
35.2
35.0
地下水水位(m)
2017年9月
2018年4月
2018年10月
2019年5月
2019年12月
2020年6月
2021年1月
时间

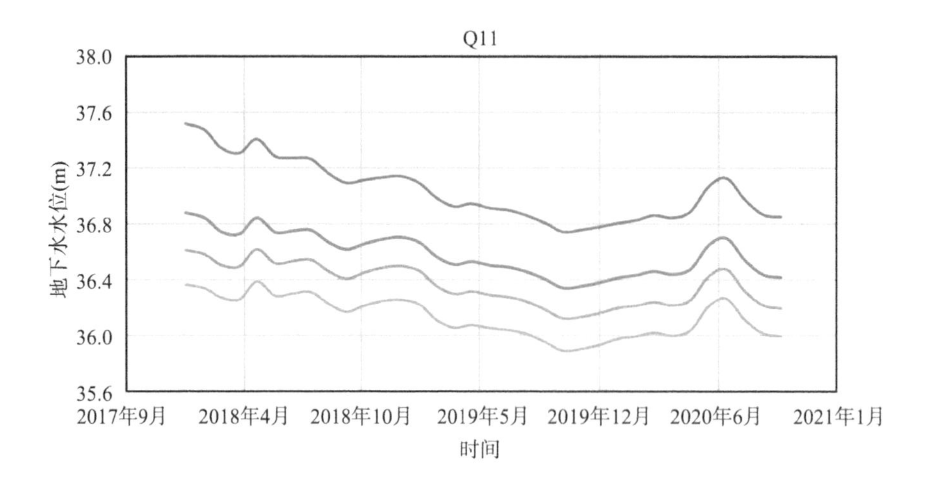
Q11
38.0
37.6
37.2
36.8
36.4
36.0
35.6
地下水水位(m)
2017年9月
2018年4月
2018年10月
2019年5月
2019年12月
2020年6月
2021年1月
时间

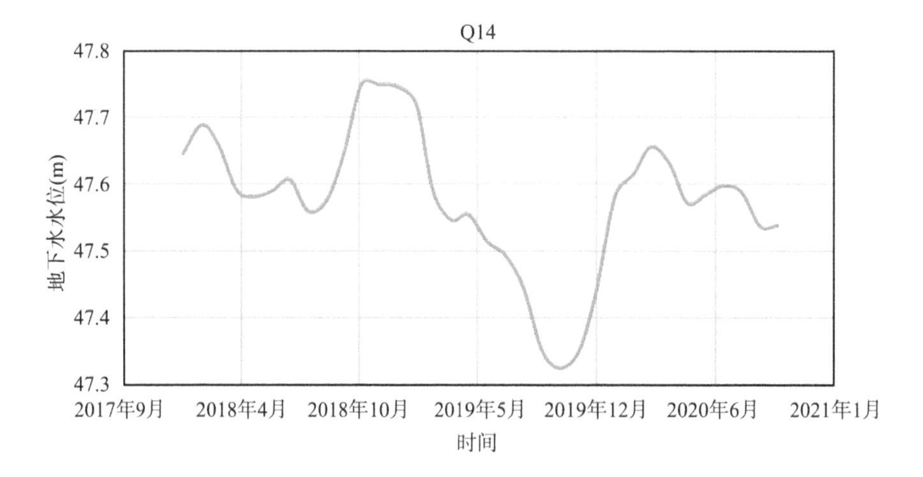
Q14
47.8
47.7
47.6
47.5
47.4
47.3
地下水水位(m)
2017年9月
2018年4月
2018年10月
2019年5月
2019年12月
2020年6月
2021年1月
时间

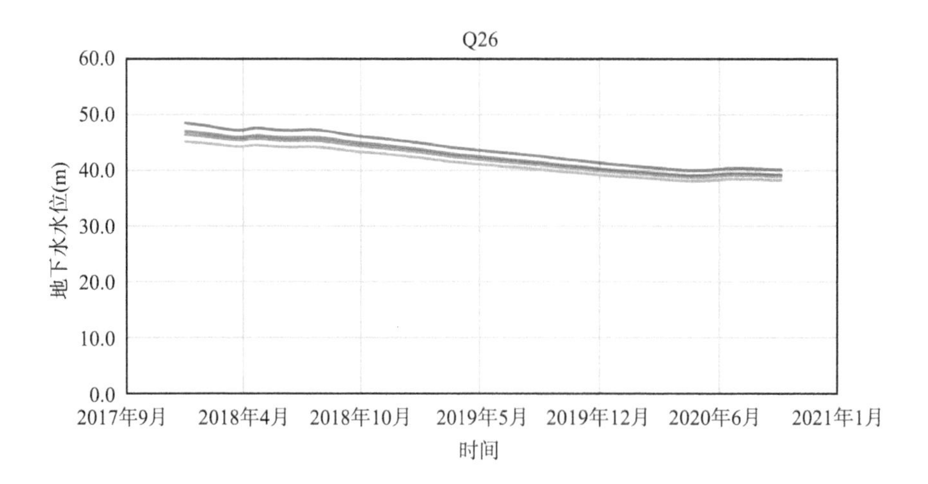
Q26
60.0
50.0
40.0
30.0
20.0
10.0
0.0
地下水水位(m)
2017年9月
2018年4月
2018年10月
2019年5月
2019年12月
2020年6月
2021年1月
时间

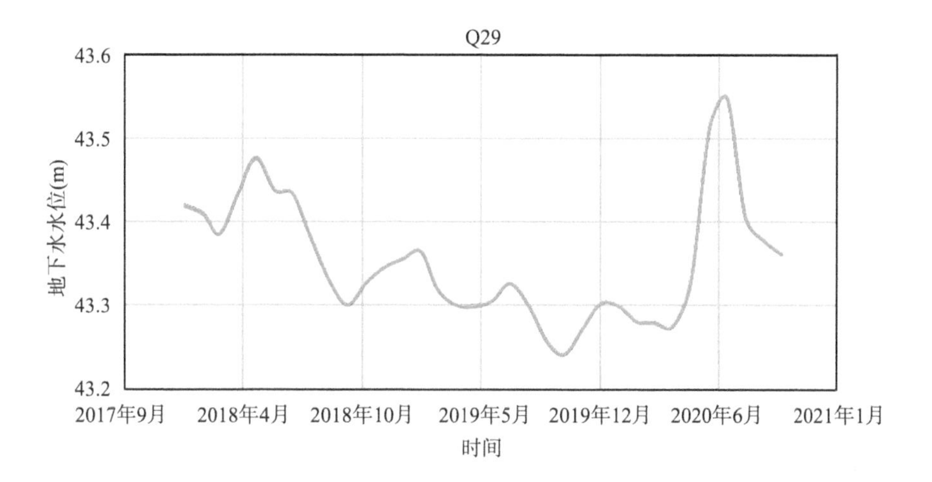
Q29
43.6
43.5
43.4
43.3
43.2
地下水水位(m)
2017年9月
2018年4月
2018年10月
2019年5月
2019年12月
2020年6月
2021年1月
时间

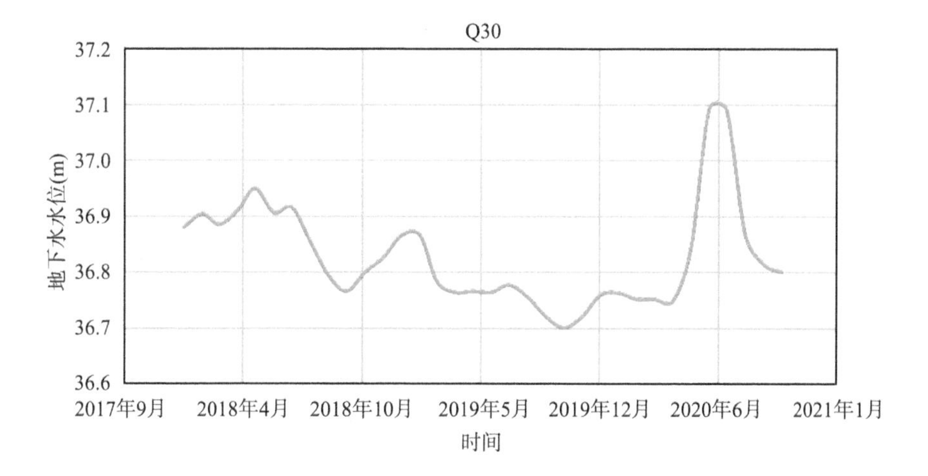
Q30
37.2
37.1
37.0
36.9
36.8
36.7
36.6
地下水水位(m)
2017年9月
2018年4月
2018年10月
2019年5月
2019年12月
2020年6月
2021年1月
时间

Q31
34.1
34.0
33.9
33.8
33.7
33.6
33.5
地下水水位(m)
2017年9月
2018年4月
2018年10月
2019年5月
2019年12月
2020年6月
2021年1月
时间

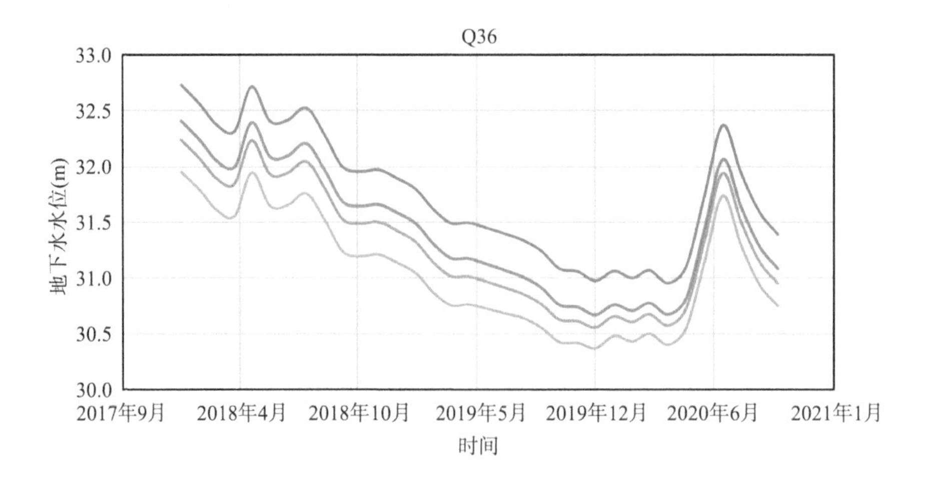

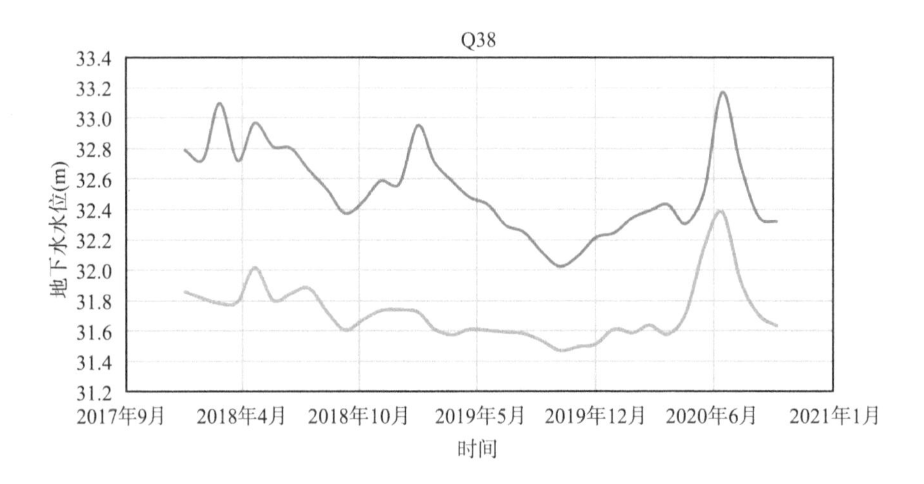

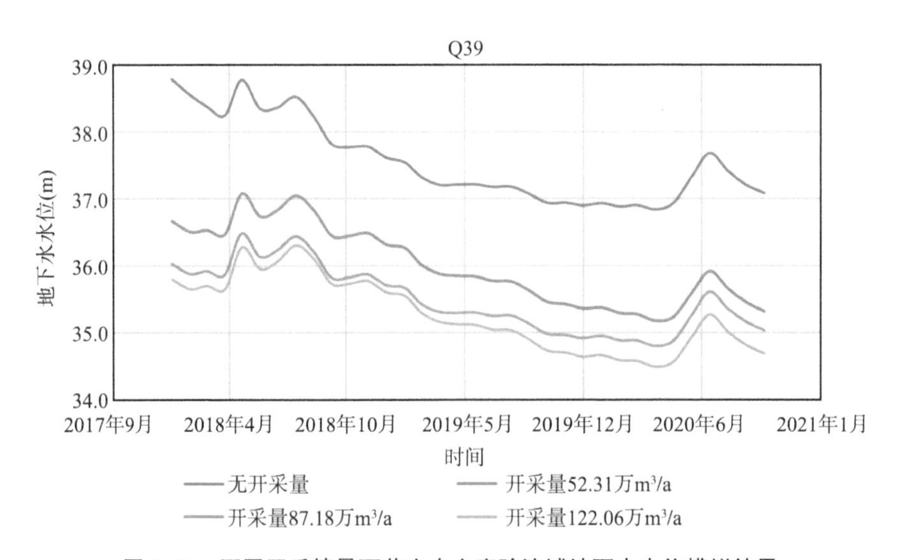

图 5.16　不同开采情景下花山水文实验流域地下水水位模拟结果

图 5.15 表明，随着花山水文实验流域内地下水开采量增加，流域内地下水水位出现了不同程度的下降，其中地下水水位下降区域主要涉及地下水监测井 Q04、Q10、Q11、Q36 所在区域；位于流域下游及河道两侧区域地下水水位受开采影响较小，故地下水水位动态变化模拟值未有明显区别。

5.3.3　地下水水位下降对降水入渗补给量的影响

本节利用构建的数值模型模拟不同开采情景下花山水文实验流域降水入渗补给量，与无地下水开采相比，随着地下水开采量增加、花山水文实验流域内地下水埋深增加，模拟区降水入渗补给量有所增加。不同开采情景下花山水文实验流域第四系覆盖层模拟区降水入渗补给量计算结果见表 5-2。

表 5-2　花山水文实验流域第四系覆盖层模拟区不同开采情景下降水入渗补给量

日期	降水量(mm)	开采量为 0(m^3/d)	开采量为 1 433.15(m^3/d)	开采量为 2 388.49(m^3/d)	开采量为 3 344.11(m^3/d)
2018 年 1 月	98.7	145 698.92	145 908.36	156 986.07	189 973.19
2018 年 2 月	37.0	54 637.77	55 373.83	68 317.56	102 351.69
2018 年 3 月	99.8	147 262.77	147 478.38	158 495.74	191 395.75
2018 年 4 月	69.6	102 729.06	103 233.83	115 414.05	149 443.42
2018 年 5 月	279.3	412 300.93	410 737.08	411 632.52	429 927.39
2018 年 6 月	59.5	87 821.46	88 427.78	101 177.31	136 028.08
2018 年 7 月	143.7	212 057.02	211 857.19	220 399.24	249 727.64
2018 年 8 月	203.6	300 462.82	299 660.78	304 826.85	329 284.12
2018 年 9 月	89.9	132 683.85	132 992.39	144 028.41	176 406.82
2018 年 10 月	12.7	18 785.35	19 904.34	35 826.81	75 804.34
2018 年 11 月	77.9	114 946.20	115 401.17	127 113.54	160 467.91
2018 年 12 月	97.4	143 672.76	143 980.50	155 132.37	188 226.40
2019 年 1 月	49.7	54 388.73	55 430.38	70 192.12	108 429.15
2019 年 2 月	86.9	95 169.23	95 898.20	107 700.77	139 886.53
2019 年 3 月	20.5	22 476.26	23 834.40	39 602.61	79 382.60
2019 年 4 月	36.3	39 701.73	41 137.82	55 610.70	93 192.61
2019 年 5 月	72.7	79 461.12	80 823.93	94 463.79	131 340.26
2019 年 6 月	91.5	100 074.60	101 384.00	113 797.83	148 233.16
2019 年 7 月	69.6	76 091.08	77 712.49	91 296.80	128 267.91
2019 年 8 月	96.3	105 316.27	106 839.35	119 425.45	154 911.82
2019 年 9 月	32.7	35 748.96	37 948.22	51 975.42	89 603.02

续表

日期	降水量(mm)	开采量为 0(m^3/d)	开采量为 1 433.15(m^3/d)	开采量为 2 388.49(m^3/d)	开采量为 3 344.11(m^3/d)
2019 年 10 月	8.5	9 344.20	12 214.51	27 577.46	67 421.17
2019 年 11 月	47.2	51 593.52	54 325.52	67 779.30	104 061.13
2019 年 12 月	25.9	28 289.33	31 663.28	46 307.65	84 702.94
2020 年 1 月	106.9	74 750.27	78 053.00	91 726.83	128 917.61
2020 年 2 月	38.7	27 041.87	31 007.80	44 541.99	80 428.28
2020 年 3 月	83.9	58 680.68	62 822.91	77 237.46	113 993.80
2020 年 4 月	24.7	17 274.15	22 026.23	37 054.42	73 308.68
2020 年 5 月	85.0	59 475.86	64 105.97	78 725.02	114 738.55
2020 年 6 月	267.7	187 218.24	190 125.80	201 566.04	232 476.01
2020 年 7 月	436.7	305 393.77	307 040.10	316 397.24	345 061.91
2020 年 8 月	146.0	102 119.95	106 290.62	120 309.79	154 678.42
2020 年 9 月	74.5	52 102.20	56 705.60	71 507.01	105 928.15
2020 年 10 月	49.3	34 478.13	39 295.73	54 499.05	89 421.94

本节对比了不同开采情景下，花山水文实验流域第四系覆盖层模拟区降水入渗补给量变化，对比结果见图 5.17。2018 年降水条件下，当地下水开采量从 0 增加到 122.06 万 m^3/a，模拟区降水入渗补给量从 187.31 万 m^3 增加到 237.9 万 m^3；2019 年降水条件下，当地下水开采量从 0 增加到 122.06 万 m^3/a，模拟区降水入渗补给量从 69.77 万 m^3 增加到 132.94 万 m^3；2020 年 1—10 月降水条件下，当地下水开采量从 0 增加到 122.06 万 m^3/a，模拟区降水入渗补给量从 91.85 万 m^3 增加到 143.9 万 m^3。

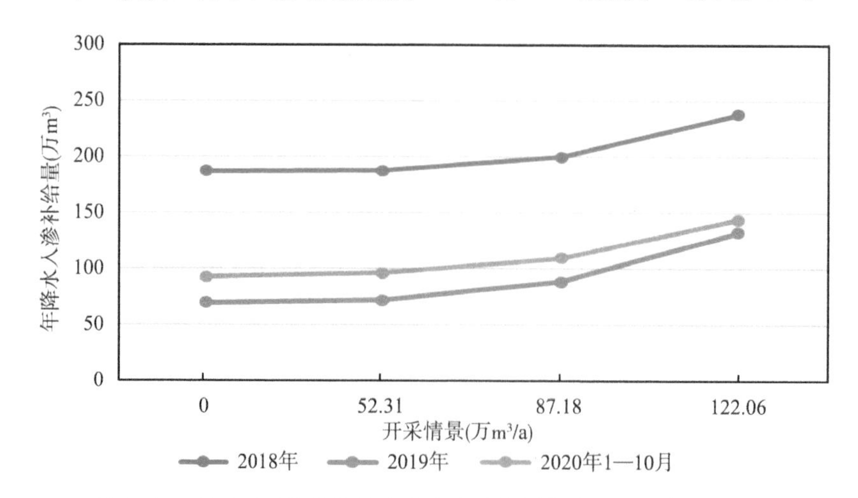

图 5.17　不同开采情景下花山水文实验流域年降水入渗补给量变化

5.4　本章小结

本章主要介绍了未来气候变化的预测方法，将大气环流降尺度模型与统计降尺度方法相结合，应用 CanESM2 提供的 RCP2.6、RCP4.5、RCP8.5 3 种气候情景数据，预测气候变化条件下花山水文实验流域未来 30 年降水量变化过程。基于 3 种气候情景下降水量预测结果，利用花山水文实验流域地下水数值模拟模型预测了未来 30 年花山水文实验流域地下水水位变化趋势和降水入渗补给量。

在 RCP2.6 气候模式下花山水文实验流域第四系覆盖层模拟区未来 30 年的降水入渗补给量总体上呈波动趋势，预测 2036 年模拟区降水入渗补给量最小，约为 91.76 万 m^3；预测 2047 年模拟区降水入渗补给量最大，约为 233.32 万 m^3；2021—2050 年花山水文实验流域第四系覆盖层模拟区年平均降水入渗补给量约为 152.96 万 m^3。在 RCP4.5 气候模式下花山水文实验流域第四系覆盖层研究区未来 30 年的降水入渗补给量总体上呈波动上升趋势，预测 2038 年模拟区降水入渗补给量最小，约为 124.99 万 m^3；预测 2026 年模拟区降水入渗补给量最大，约为 247.88 万 m^3；2021—2050 年花山水文实验流域第四系覆盖层模拟区年平均降水入渗补给量约为 174.48 万 m^3。在 RCP8.5 气候模式下花山水文实验流域模拟区未来 30 年的降水入渗补给量总体上呈剧烈波动上升趋势，预测 2029 年模拟区降水入渗补给量最小，约为 127.62 万 m^3；预测 2041 年模拟区降水入渗补给量最大，约为 293.95 万 m^3；2021—2050 年花山水文实验流域第四系覆盖层模拟区年平均降水入渗补给量约为 233.2 万 m^3。

利用花山水文实验流域地下水数值模拟模型计算了地下水开采量为 0、52.31 万 m^3/a、87.18 万 m^3/a 和 122.06 万 m^3/a 不同条件下流域内地下水水位变化，评价了地下水水位下降对模拟区降水入渗补给量的影响。2018 年降水条件下，当地下水开采量从 0 增加到 122.06 万 m^3/a，模拟区降水入渗补给量从 187.31 万 m^3 增加到 237.9 万 m^3；2019 年降水条件下，当地下水开采量从 0 增加到 122.06 万 m^3/a，模拟区降水入渗补给量从 69.77 万 m^3 增加到 132.94 万 m^3；2020 年 1—10 月降水条件下，当地下水开采量从 0 增加到 122.06 万 m^3/a，模拟区降水入渗补给量从 91.85 万 m^3 增加到 143.9 万 m^3。

参考文献

[1] 中华人民共和国水利部. 中国水资源公报 2020[M]. 北京:中国水利水电出版社,2021.

[2] 陈飞,徐翔宇,羊艳,等. 中国地下水资源演变趋势及影响因素分析[J]. 水科学进展,2020,31(6):811-819.

[3] AMPT C A, GREEN W H. Studies on soil physics, part 1, the flow of air and water through soils[J]. The Journal of Agricultural Scince, 1911, 4(1): 1-24.

[4] RICHARDS L A. Capillary conduction of liquids through porous mediums[J]. Physics, 1931, 1(5): 318-333.

[5] BODMAN G, COLMAN E. Moisture and energy conditions during downward entry of water into soils[J]. Soil Science Society of America Journal, 1944, 8:116-122.

[6] VAN GENUCHTEN M T. A closed-form equation for predicting the hydraulic conductivity of unsaturated soils[J]. Soil Science Society of America Journal, 1980, 44(5):892-898.

[7] 沈振荣,等. 水资源科学实验与研究:大气水、地表水、土壤水、地下水相互转化关系[M]. 北京:中国科学技术出版社,1992.

[8] GAVIN K, XUE J F. A simple method to analyze infiltration into unsaturated soil slopes[J]. Computers and Geotechnics, 2008, 35(2):223-230.

[9] GUO Z S. Estimating method of maximum infiltration depth and soil water supply[J]. Scientific Reports, 2020, 10(1):9726.

[10] 徐绍辉,张佳宝. 土壤中优势流的几个基本问题研究[J]. 水文地质工程地质,1999(6):27-30+34.

[11] COATS K H, SMITH B D. Dead-end pore volume and dispersion in porous media[J]. Society of Petroleum Engineers Journal, 1964, 4(1): 73-84.

[12] GERMANN P F, BEVEN K. A distribution function approach to water flow in soil macropores based on kinematic wave theory[J]. Journal of hydrology, 1986, 83(1-2): 173-183.

[13] HOSANG J. Modelling preferential flow of water in soils — a two-phase approach for field conditions[J]. Geoderma, 1993, 58(3-4):149-163.

[14] WEILER M, NAEF F. An experimental tracer study of the role of macropores in infiltration in grassland soils[J]. Hydrological Processes, 2003, 17(2):477-493.

[15] 齐登红,靳孟贵,刘延锋. 降水入渗补给过程中优先流的确定[J]. 地球科学(中国地质大学学报),2007(3):420-424.

[16] 蒋定生,黄国俊. 地面坡度对降水入渗影响的模拟试验[J]. 水土保持通报,1984(4):10-13.

[17] 肖起模,邹连文,刘江. 降水入渗补给系数与地层的相关分析与应用[J]. 水利学报,1998(10):33-36.

[18] 张光辉,费宇红,申建梅,等. 降水补给地下水过程中包气带变化对入渗的影响[J]. 水利学报,2007(5):611-617.

[19] 李亚峰,李雪峰. 降水入渗补给量随地下水埋深变化的实验研究[J]. 水文,2007(5):58-60+48.

[20] 齐登红,甄习春,王继华,等. 降水入渗补给地下水系统分析[M]. 郑州:黄河水利出版社,2007.

[21] 霍思远,靳孟贵.不同降水及灌溉条件下的地下水入渗补给规律[J].水文地质工程地质,2015,42(5):6-13+21.

[22] LIU H, LEI T W, ZHAO J, et al. Effects of rainfall intensity and antecedent soil water content on soil infiltrability under rainfall conditions using the run off-on-out method[J]. Journal of Hydrology, 2011, 396(1-2):24-32.

[23] GONG H, PAN Y, XU Y. Spatio-temporal variation of groundwater recharge in response to variability in precipitation, land use and soil in Yanqing Basin, Beijing, China[J]. Hydrogeology Journal, 2012, 20(7):1331-1340.

[24] 朱琳,刘畅,李小娟,等.城市扩张下的北京平原区降雨入渗补给量变化[J].地球科学(中国地质大学学报),2013,38(5):1065-1072.

[25] ZHANG J, FELZER B S, TROY T J. Extreme precipitation drives groundwater recharge: the Northern High Plains Aquifer, central United States, 1950-2010[J]. Hydrological Processes, 2016, 30(14):2533-2545.

[26] BHASKAR A S, HOGAN D M, NIMMO J R, et al. Groundwater recharge amidst focused stormwater infiltration[J]. Hydrological Processes, 2018, 32(13):2058-2068.

[27] CHENG Y B, ZHAN H B, YANG W B, et al. Deep soil water recharge response to precipitation in Mu Us Sandy Land of China[J]. Water Science and Engineering, 2018, 11(2):139-146.

[28] KITCHING R, SHEARER T R, SHEDLOCK S L. Recharge to Bunter Sandstone determined from lysimeters[J]. Journal of Hydrology, 1977, 33(3-4):217-232.

[29] 王文忠,李丛林,李大康.虹吸式地中蒸渗仪[J].农田水利与小水电,1990(6):9-10.

[30] 王雪松,姚先.地中蒸渗仪降水入渗补给系数分析研究[J].安徽水利水电职业技术学院学报,2006(3):19-21.

[31] 孙晶晶,马浩.五道沟水文实验站"紧密式"地中蒸渗仪群及其自动观测技术[J].治淮,2017(5):28-29.

[32] KORKMAZ N. The estimation of groundwater recharge from water level and precipitation data[J]. International Association of Scientific Hydrology Bulletin, 1990, 35(2):209-217.

[33] JEMCOV I, PETRIC M. Measured precipitation vs. effective infiltration and their influence on the assessment of karst systems based on results of the time series analysis[J]. Journal of Hydrology, 2009, 379(3-4):304-314.

[34] IZUKA S K, OKI D S, ENGOTT J A. Simple method for estimating groundwater recharge on tropical islands[J]. Journal of Hydrology, 2010, 387(1-2):81-89.

[35] 袁瑞强,宋献方,刘贯群.现代黄河三角洲上部冲积平原降水入渗补给量研究[J].自然资源学报,2010,25(10):1777-1785.

[36] NIMMO J R, HOROWITZ C, MITCHELL L. Discrete-storm water-table fluctuation method to estimate episodic recharge[J]. Groundwater, 2015, 53(2):282-292.

[37] 张路,林锦,闵星,等.基于GMS的日喀则市区地下水数值模拟[J].水电能源科学,2020,38(4):76-79.

[38] 宋秋波,黄凯,乔家乐.基于改进水位动态法的年降水入渗补给系数推求[J].水文,2018,38(3):43-48.

[39] 邱景唐.非饱和土壤水零通量面的研究[J].水利学报,1992(5):27-32.

[40] 吴庆华,张薇,蔺文静,等.太行山前平原土壤水高效利用及精确灌溉制度研究[J].中国农村水利

水电，2010(4)：58-61.

[41] 吴庆华，王贵玲，蔺文静，等. 太行山山前平原地下水补给规律分析：以河北栾城为例[J]. 地质科技情报，2012，31(2)：99-105.

[42] WU J Q，ZHANG R D，YANG J Z. Estimating infiltration recharge using a response function model[J]. Journal of Hydrology，1997，198(1-4)：124-139.

[43] 王福刚，廖资生. 应用D、^{18}O同位素峰值位移法求解大气降水入渗补给量[J]. 吉林大学学报(地球科学版)，2007(2)：284-287+334.

[44] 王仕琴，宋献方，肖国强，等. 基于氢氧同位素的华北平原降水入渗过程[J]. 水科学进展，2009，20(4)：495-501.

[45] 聂振龙，连英立，段宝谦，等. 利用包气带环境示踪剂评估张掖盆地降水入渗速率[J]. 地球学报，2011，32(1)：117-122.

[46] 马斌，梁杏，林丹，等. 应用^{2}H、^{18}O同位素示踪华北平原石家庄包气带土壤水入渗补给及年补给量确定[J]. 地质科技情报，2014，33(3)：163-168+174.

[47] 马斌. 氢氧稳定同位素指示水体分馏与降水入渗补给研究[D]. 武汉：中国地质大学，2017.

[48] 谭秀翠，杨金忠，宋雪航，等. 华北平原地下水补给量计算分析[J]. 水科学进展，2013，24(1)：73-81.

[49] 王凤生，李桂芬. 应用同位素氚计算降水入渗系数的探讨[J]. 地下水，1990(2)：70-72.

[50] LI Z，SI B C. Reconstructed precipitation tritium leads to overestimated groundwater recharge[J]. Journal of Geophysical Research：Atmospheres，2018，123(17)：9858-9867.

[51] ŠIMŮNEK J，BRADFORD S A. Vadose zone modeling：introduction and importance[J]. Vadose Zone Journal，2008，7(2)：581-586.

[52] 宋词，许模. 基于Winpest反演分析的降雨入渗补给量分区[J]. 南水北调与水利科技，2013，11(5)：103-107.

[53] LI J K，LI F，LI H E，et al. Analysis of rainfall infiltration and its influence on groundwater in rain gardens[J]. Environmental Science and Pollution Research International，2019，26(22)：22641-22655.

[54] 霍思远，靳孟贵，梁杏. 包气带弱渗透性黏土透镜体对降雨入渗补给影响的数值模拟[J]. 吉林大学学报(地球科学版)，2013，43(5)：1579-1587.

[55] 张海阔，姜翠玲，李亮，等. 基于HYDRUS-1D模拟的变水头入渗条件下VG模型参数敏感性分析[J]. 河海大学学报(自然科学版)，2019，47(1)：32-40.

[56] 高殿琪，颜景生. 利用水均衡法求算明水岩溶区降水入渗系数[J]. 山东地质，1991(2)：107-113.

[57] 朱学愚，钱孝星，张幼宽，等. 基岩山区降水入渗补给量的确定方法[J]. 工程勘察，1982(3)：25-30.

[58] 韩巍，何庚义. 用小流域、泉域水均衡法确定基岩山区降水入渗系数[J]. 长春地质学院学报，1985(4)：79-84.

[59] TAYLOR R G，HOWARD K. Groundwater recharge in the Victoria Nile basin of east Africa：support for the soil moisture balance approach using stable isotope tracers and flow modelling[J]. Journal of Hydrology，1996，180(1-4)：31-53.

[60] 王猛. 滁州水文实验流域氮素溯源及迁移过程的同位素示踪研究[D]. 南京：河海大学，2017.

[61] 周冬生，蒋兆宏. 降水量观测[M]. 北京：中国水利水电出版社，2018.

[62] 张人权，梁杏，靳孟贵，等. 水文地质学基础[M]. 7版. 北京：地质出版社，2018.

[63] 李洋，褚立孔，蒲治国. 确定含水层给水度新方法[J]. 江苏地质，2006(4)：290-293.

[64] 曹剑峰，迟宝明，王文科，等. 专门水文地质学[M]. 3版. 北京：科学出版社，2006.

[65] 中国地质调查局. 水文地质手册[M]. 2 版. 北京：地质出版社，2012.
[66] 周志芳，黄勇，郭巧娜，等. 山前平原区河流-浅层地下水交互机理分析和数值模拟研究[R]. 南京：河海大学，2011.
[67] SUN H B. A semi-analytical solution for slug tests in an unconfined aquifer considering unsaturated flow[J]. Journal of Hydrology, 2016, 532: 29-36.
[68] HYDER Z, BUTLER J J, MCELWEE C D, et al. Slug tests in partially penetrating wells[J]. Water Resources Research, 1994, 30(11):2945-2957.
[69] MATHIAS S A, BUTLER A P. Linearized Richards' equation approach to pumping test analysis in compressible aquifers[J]. Water Resources Research, 2006, 42(6): W06408.
[70] MOENCH A F. Flow to a well of finite diameter in a homogeneous, anisotropic water table aquifer [J]. Water Resources Research, 1997, 33(6): 1397-1407.
[71] RICHARDS L A. Capillary conduction of liquids through porous mediums[J]. Physics, 1931, 1(5): 318-333.
[72] MISHRA P K, NEUMAN S P. Improved forward and inverse analyses of saturated-unsaturated flow toward a well in a compressible unconfined aquifer[J]. Water Resources Research, 2010, 46(7): W07508.
[73] MISHRA P K, NEUMAN S P. Saturated-unsaturated flow to a well with storage in a compressible unconfined aquifer[J]. Water Resources Research, 2011, 47(5):W05553.
[74] 王焕榜，贺伟程. 平原地区降雨入渗补给系数计算方法的初步探讨[J]. 水文，1981(6)：1-4+53.
[75] 刘廷玺，朱仲元，马龙，等. 通辽地区次降雨入渗补给系数的分析确定[J]. 内蒙古农业大学学报(自然科学版)，2002(2)：34-39.
[76] 张蔚榛. 地下水非稳定流计算和地下水资源评价[M]. 武汉：武汉大学出版社，2013.
[77] 李兆峰，戴云峰，周志芳，等. 应力历史对弱透水层参数影响试验研究[J]. 水文地质工程地质，2017，44(5)：14-19.
[78] 顾慰祖. 同位素水文学[M]. 北京：科学出版社，2011.
[79] 王军，刘天仇，尹观. 西藏雅鲁藏布江中、下游地区大气降水同位素分布特征[J]. 地质地球化学，2000(1)：63-67.
[80] 中华人民共和国生态环境部. 水中氚的分析方法：HJ 1126—2020[S/OL]. (2020-04-30). https://www.mee.gov.cn/ywgz/fgbz/bz/bzwb/shjbh/xgbzh/202004/t20200414_774222.shtml.
[81] CLARK I D, FRITZ P. Environmental isotopes in hydrogeology [M]. Boca Raton: CRC Press, 2013.
[82] 高淑琴. 河南平原第四系地下水循环模式及其可更新能力评价[D]. 长春：吉林大学，2008.
[83] 俞发康. 鄂尔多斯白垩系盆地北区地下水可更新能力研究[D]. 长春：吉林大学，2007.
[84] SALLE C L G L, MARLIN C, LEDUC C, et al. Renewal rate estimation of groundwater based on radioactive tracers (^{3}H, ^{14}C) in an unconfined aquifer in semi-arid area, lullemeden Basin, Niger [J]. Journal of Hydrology, 2001, 254(1-4): 145-156.
[85] 陆垂裕，孙青言，李慧，等. 基于水循环模拟的干旱半干旱地区地下水补给评价[J]. 水利学报，2014，45(6)：701-711.
[86] HUANG F Y, GAO Y, HU X N, et al. Influence of precipitation infiltration recharge on hydrological processes of the karst aquifer system and adjacent river[J]. Journal of Hydrology, 2024, 639: 131656.
[87] NOORI A R, SINGH S K. Rainfall assessment and water harvesting potential in an urban area for

artificial groundwater recharge with land use and land cover approach[J]. Water Resources Management, 2023, 37(13):5215-5234.
[88] 彭红明,王占巍,罗银飞,等. 基于地下水数值模拟的布哈河流域地下水可开采资源量评价[J]. 现代地质,2023,37(4):943-953.
[89] 吴雯倩,靳孟贵. 淮北市地下水流数值模拟及水文地质参数不确定性分析[J]. 水文地质工程地质,2014,41(3):21-28.
[90] 陈孜,张明江,段扬,等. 哈密盆地绿洲带地下水数值模拟及资源评价[J]. 干旱区资源与环境,2016,30(7):186-191.
[91] 林锦,顾慰祖,廖爱民,等. 淮河流域安徽省典型地区深层地下水更新能力调查及分析评价[R]. 南京:南京水利科学研究院,2016.
[92] 林锦,韩江波,戴云峰,等. 海平面上升对沿海地区海水入侵的影响研究[M]. 北京:科学出版社,2023.
[93] CHEN L, FRAUENFELD O W. Surface air temperature changes over the twentieth and twenty-first centuries in China simulated by 20 CMIP5 models[J]. Journal of Climate, 2014, 27(11):3920-3937.
[94] HUA W J, CHEN H S, SUN S L, et al. Assessing climatic impacts of future land use and land cover change projected with the CanESM2 model[J]. International Journal of Climatology, 2015, 35(12):3661-3675.
[95] 刘梅,吕军. 我国东部河流水文水质对气候变化响应的研究[J]. 环境科学学报,2015,35(1):108-117.
[96] VAN VUUREN D P, EDMONDS J, KAINUMA M, et al. The representative concentration pathways: an overview[J]. Climatic Change, 2011, 109: 5-31.
[97] HESSAMI M, GACHON P, OUARDA T B M J, et al. Automated regression-based statistical downscaling tool[J]. Environmental Modelling & Software, 2008, 23(6):813-834.
[98] 初祁,徐宗学,蒋昕昊. 两种统计降尺度模型在太湖流域的应用对比[J]. 资源科学,2012,34(12):2323-2336.
[99] 林岚. 环境变化条件下松嫩盆地降水入渗补给量变化研究[D]. 长春:吉林大学,2008.
[100]《第三次气候变化国家评估报告》编写委员会. 第三次气候变化国家评估报告[M]. 北京:科学出版社,2015.